高等职业教育计算机系列教材

大学信息技术基础
强化训练

鲁志芳　贾邦稳　主　编

周　芃　王　苗　副主编

电子工业出版社·
Publishing House of Electronics Industry
北京·BEIJING

内 容 简 介

本书参照《大学信息技术基础》（GPT 版）和新修订的《上海市高等学校信息技术水平等级考试（一级）考试大纲》组织编写，目的是使学生通过强化训练提升信息技术和数字媒体软件的综合应用能力。

全书共 8 章，内容包括信息技术与数字媒体基础、文件管理和网络应用基础、文字处理软件 Word 2016、电子表格软件 Excel 2016、演示文稿软件 PowerPoint 2016、Photoshop 图像处理、Animate 动画制作及 Dreamweaver 网页设计及模拟卷。理论知识以单项选择题与是非题为主，用来检测学生对知识的掌握程度。实训操作章节提供了操作实训和同步练习，学生可以先根据操作实训中的步骤提示进行练习，再通过同步练习巩固各章节要点。

本书可帮助学生巩固大学信息技术课程知识点和重、难点，可作为上海市普通高等学校信息技术课程的教辅资料，也可以作为上海市高等学校信息技术水平等级考试（一级）考生的学习参考资料。

图书在版编目（CIP）数据

大学信息技术基础强化训练 / 鲁志芳，贾邦稳主编.

北京：电子工业出版社，2024. 9. -- ISBN 978-7-121
-48626-5

Ⅰ. TP3

中国国家版本馆 CIP 数据核字第 2024WS5285 号

责任编辑：徐建军　　文字编辑：赵　娜

印　　刷：北京雁林吉兆印刷有限公司

装　　订：北京雁林吉兆印刷有限公司

出版发行：电子工业出版社

　　　　　北京市海淀区万寿路 173 信箱　邮编　100036

开　　本：787×1 092　1/16　印张：10.5　字数：268.8 千字

版　　次：2024 年 9 月第 1 版

印　　次：2024 年 9 月第 1 次印刷

印　　数：2 500 册　　定价：39.00 元

凡所购买电子工业出版社图书有缺损问题，请向购买书店调换。若书店售缺，请与本社发行部联系，联系及邮购电话：（010）88254888，88258888。

质量投诉请发邮件至 zlts@phei.com.cn，盗版侵权举报请发邮件至 dbqq@phei.com.cn。

本书咨询联系方式：（010）88254570，xujj@phei.com.cn。

前 言
Preface

如今信息技术知识和技能的掌握和应用已经成为每个人必备的一项基本技能。对大学生而言，良好的信息技术知识和技能是提升学习效率、拓宽知识视野、增强就业竞争力的重要工具。为了帮助学生更好地掌握信息技术的基础知识，提高信息技术综合应用能力，我们编写了这本《大学信息技术基础强化训练》。

本书以提升学生核心素养的课程改革需求为导向，以提高学生信息技术知识和实践能力为目标而编写。信息技术基础课程是高等学校的一门信息技术通识课，也是学习其他信息技术或计算机软硬件技术相关课程的前导课程。通过本书的学习可以增强学生对计算机操作系统的应用能力，提升学生常用办公软件、多媒体软件等的应用能力，进而提高学生信息技术的综合应用能力。

本书由长期从事大学信息技术基础课程教学的一线教师组织编写，他们熟知学生的认知过程和学习规律，在编写过程中强调了实用性和可操作性，融合了理论与实践，兼顾了知识与技能。操作内容由浅入深，以最大限度激发学生的学习兴趣，并使其有效掌握最新的实用技能。同时，本书在编写过程中还充分考虑了学生的不同需求，合理设置了操作实训与同步练习两部分内容，引导学生阶梯式提升，有利于提高学习效率和学习效果。

本书共 8 章，第 1 章为信息技术与数字媒体基础，第 2 章为文件管理和网络应用基础，第 3 章为文字处理软件 Word 2016，第 4 章为电子表格软件 Excel 2016，第 5 章为演示文稿软件 PowerPoint 2016，第 6 章为 Photoshop 图像处理，第 7 章为 Animate 动画制作，第 8 章为 Dreamweaver 网页设计。此外，本书还配套设计了 2 套模拟卷，以供学习者巩固复习。

本书由上海电子信息职业技术学院组织编写，由鲁志芳、贾邦稳担任主编，由周芃和王苗担任副主编。第 1 章由鲁志芳编写，第 2 章由杨柳编写，第 3 章、第 5 章由周芃编写，第 4 章、第 6 章由贾邦稳编写，第 7 章由鲁珏编写，第 8 章由王苗编写。模拟卷各个模块由负责各自模块的老师编写，全书由鲁志芳和贾邦稳统稿。本书在编写和修订过程中得到了胡国胜老师和涂蔚萍老师的指导，在这里对他们表示诚挚的谢意。同时，本书编写过程中参阅了许多参考资料，得到了各方面的大力支持，在此一并表示感谢。本书所用到的素材文件请到华信教育资源网注册后免费下载。

由于编者水平有限，书中难免存在疏漏和不足之处，恳请同行专家和读者给予批评和指正。

编　者

目 录
Contents

第 1 章　信息技术与数字媒体基础 ·· (1)

　1.1　信息技术基础 ·· (1)

　　1.1.1　单项选择题 ··· (1)

　　1.1.2　是非题 ·· (5)

　1.2　数据文件管理 ·· (6)

　　1.2.1　单项选择题 ··· (6)

　　1.2.2　是非题 ·· (11)

　1.3　计算机网络基础及应用 ·· (13)

　　1.3.1　单项选择题 ·· (13)

　　1.3.2　是非题 ·· (18)

　1.4　数据处理基础 ·· (19)

　　1.4.1　单项选择题 ·· (19)

　　1.4.2　是非题 ·· (26)

　1.5　数字媒体技术基础 ·· (26)

　　1.5.1　单项选择题 ·· (26)

　　1.5.2　是非题 ·· (30)

　1.6　数字声音 ·· (31)

　　1.6.1　单项选择题 ·· (31)

　　1.6.2　是非题 ·· (32)

　1.7　数字图像 ·· (33)

　　1.7.1　单项选择题 ·· (33)

　　1.7.2　是非题 ·· (35)

　1.8　动画基础 ·· (35)

　　1.8.1　单项选择题 ·· (35)

　　1.8.2　是非题 ·· (36)

　1.9　视频处理基础 ·· (37)

　　1.9.1　单项选择题 ·· (37)

1.9.2　是非题 ………………………………………………………………………（39）

1.10　数字媒体的集成与应用 …………………………………………………………（39）

1.10.1　单项选择题 ……………………………………………………………（39）

1.10.2　是非题 …………………………………………………………………（42）

第2章　文件管理和网络应用基础 ………………………………………………………（44）

2.1　操作实训 ……………………………………………………………………………（45）

实训1　文件操作及查找替换 ……………………………………………………（45）

实训2　创建快捷方式及设置快捷方式的属性 …………………………………（45）

实训3　进制转换和截屏 …………………………………………………………（46）

实训4　文件压缩与解压缩 ………………………………………………………（46）

实训5　安装打印机并打印测试页 ………………………………………………（47）

实训6　网页以PDF格式保存及保存网页图片 ………………………………（47）

实训7　网络配置查看ipconfig命令 ……………………………………………（47）

实训8　查看网络连通命令ping …………………………………………………（48）

2.2　同步练习 ……………………………………………………………………………（48）

第3章　文字处理软件Word 2016 ………………………………………………………（50）

3.1　操作实训 ……………………………………………………………………………（51）

实训1　文本效果、特殊符号和图文混排 ………………………………………（51）

实训2　艺术字、分栏、文字转换为表格的设置 ………………………………（56）

实训3　目录、插图、页眉和页脚 ………………………………………………（60）

实训4　页面布局、文本框和脚注的设置 ………………………………………（66）

3.2　同步练习 ……………………………………………………………………………（69）

练习1 ………………………………………………………………………………（69）

练习2 ………………………………………………………………………………（70）

练习3 ………………………………………………………………………………（71）

第4章　电子表格软件Excel 2016 ………………………………………………………（73）

4.1　操作实训 ……………………………………………………………………………（74）

实训1　基本操作、公式与函数 …………………………………………………（74）

实训2　数据管理技术 ……………………………………………………………（78）

实训3　数据可视化技术（图表） ………………………………………………（81）

实训4　综合练习 …………………………………………………………………（84）

4.2　同步练习 ……………………………………………………………………………（87）

练习1 ………………………………………………………………………………（87）

练习2 ………………………………………………………………………………（88）

第5章　演示文稿软件PowerPoint 2016 ………………………………………………（89）

5.1　操作实训 ……………………………………………………………………………（90）

实训1　插入页眉页脚、图片、形状和SmartArt ………………………………（90）

实训2　主题和插入超链接及设置自定义放映 …………………………………（92）

实训3　动画效果和放映方式 ……………………………………………………（96）

实训4　幻灯片版式、修改母版和幻灯片切换 …………………………………（99）

5.2　同步练习 ……………………………………………………………………（102）

　　练习 1　演示文稿制作综合练习一 ………………………………………（102）

　　练习 2　演示文稿制作综合练习二 ………………………………………（103）

　　练习 3　演示文稿制作综合练习三 ………………………………………（103）

第 6 章　Photoshop 图像处理 …………………………………………………（105）

6.1　操作实训 ……………………………………………………………………（106）

　　实训 1　图像的合成 ………………………………………………………（106）

　　实训 2　文字应用、图层应用 ……………………………………………（109）

　　实训 3　滤镜的应用 ………………………………………………………（112）

　　实训 4　综合应用 …………………………………………………………（115）

6.2　同步练习 ……………………………………………………………………（117）

　　练习 1　保家卫国 …………………………………………………………（117）

　　练习 2　爱护地球 …………………………………………………………（118）

第 7 章　Animate 动画制作 ……………………………………………………（119）

7.1　操作实训 ……………………………………………………………………（120）

　　实训 1　基本操作及逐帧动画的制作 ……………………………………（120）

　　实训 2　形状补间动画的制作 ……………………………………………（122）

　　实训 3　补间动画的制作 …………………………………………………（124）

　　实训 4　动画的综合训练 …………………………………………………（126）

7.2　同步练习 ……………………………………………………………………（128）

　　练习 1　关爱地球动画 ……………………………………………………（128）

　　练习 2　我爱我家动画 ……………………………………………………（128）

第 8 章　Dreamweaver 网页设计 ………………………………………………（130）

8.1　操作实训 ……………………………………………………………………（132）

　　实训 1　网页的基本操作 …………………………………………………（132）

　　实训 2　网页中多媒体元素设置 …………………………………………（134）

　　实训 3　网页中超链接设置 ………………………………………………（137）

　　实训 4　网页中表单设计 …………………………………………………（139）

8.2　同步练习 ……………………………………………………………………（142）

　　练习 1　网页的基本操作练习 ……………………………………………（142）

　　练习 2　网页综合练习 ……………………………………………………（143）

附录 A　模拟卷 1 …………………………………………………………………（145）

附录 B　模拟卷 2 …………………………………………………………………（150）

附录 C　参考答案 …………………………………………………………………（155）

第1章

>>>>>>

信息技术与数字媒体基础

1.1 信息技术基础

1.1.1 单项选择题

1. 信息技术是在信息处理中所采取的技术和方法，也可看作_____的一种技术。

A. 信息存储   B. 扩展人的感觉、记忆等功能

C. 信息采集   D. 信息传递

2. 计算机和互联网的使用是信息技术发展历程中的第_____次重大变革。

A. 二   B. 三   C. 四   D. 五

3. 古代信息技术以_____为主要的信息存储手段。

A. 影像   B. 文字记录   C. 语音   D. 手势

4. 信息技术的发展经历了五次重大变革，进入现代信息技术阶段的标志是_____。

A. "信息爆炸"现象的产生   B. 电话的普及

C. 互联网的出现   D. 电子计算机的发明

5. 现代信息技术的内容包括数据获取技术、数据传输技术、_____、数据控制技术、数据存储技术和信息展示技术。

A. 信息交易技术   B. 信息推广技术

C. 数据处理技术   D. 信息增值技术

6. 现代信息技术最基础的部分是_____。

A. 通信电缆   B. 显示设备   C. 芯片   D. 输入设备

7. 第二代电子计算机所采用的电子元件是_____。

A. 继电器   B. 晶体管   C. 电子管   D. 集成电路

8. 信息资源的开发和利用已经成为独立的产业，即_____。

A．第二产业　　　　　B．第一产业　　　　C．新兴信息产业　　　D．新能源产业

9．_____不属于计算机基本组成结构中所述的五大部分。

A．电源　　　　　　　B．输入和输出设备　C．CPU　　　　　　　D．内存

10．CPU 即中央处理器，是计算机最核心的部件，包括_____。

A．内存和外存　　　　　　　　　　　　B．运算器和控制器

C．控制器和存储器　　　　　　　　　　D．运算器和存储器

11．计算机中文本、图片、音视频、软件等所有储存的数据都采用_____编码。

A．二进制　　　　　　B．八进制　　　　　C．十进制　　　　　　D．十六进制

12．二进制的单位是位（bit），存储容量的基本单位是字节（byte），1 字节由_____位组成。

A．1　　　　　　　　　B．2　　　　　　　　C．4　　　　　　　　D．8

13．下面有关二进制的论述中，错误的是_____。

A．二进制只有两位数

B．二进制只有"0"和"1"两个数码

C．二进制运算规则是逢二进一

D．二进制整数中右起第十位的 1 相当于 2 的 9 次方

14．二进制数 1001100B 转换为十进制数是_____。

A．74　　　　　　　　B．75　　　　　　　　C．76　　　　　　　　D．77

15．计算机要执行一条指令，CPU 首先所涉及的操作应该是_____。

A．指令译码　　　　　B．取指令　　　　　C．存放结果　　　　　D．执行指令

16．直接连接存储是常用的存储形式，主要存储部件有_____。

A．硬盘　　　　　　　B．移动硬盘　　　　C．网络硬盘　　　　　D．U 盘

17．目前应用广泛的 U 盘属于_____技术。

A．刻录　　　　　　　B．移动存储　　　　C．网络存储　　　　　D．直接连接存储

18．机械硬盘采用_____作为存储介质。

A．磁性碟片　　　　　B．光盘　　　　　　C．U 盘　　　　　　　D．网盘

19．计算机断电或重新启动后，_____中的信息会丢失。

A．CD-ROM　　　　　B．光盘　　　　　　C．硬盘　　　　　　　D．RAM

20．外存储器中的信息，必须首先调入_____，然后才能供 CPU 使用。

A．RAM　　　　　　　B．运算器　　　　　C．控制器　　　　　　D．ROM

21．属于输出设备的是_____。

A．打印机　　　　　　B．键盘　　　　　　C．游戏摇杆　　　　　D．话筒

22．计算机系统的内部总线，主要可分为控制总线、_____和地址总线。

A．DMA 总线　　　　　B．RS-232　　　　　C．PCI 总线　　　　　D．数据总线

23．访问控制技术是通过用户登录和对用户_____的方式实现的。

A．加密　　　　　　　B．签名　　　　　　C．授权　　　　　　　D．控制

24．_____不是信息社会常见的道德问题。

A．各类网络数据的激增　　　　　　　　B．发布各种虚假信息

C．网络世界与现实世界的界限模糊　　　D．滥用言论自由

25．在信息社会的道德伦理建设方面，_____不是行之有效的措施。

A．完善技术监控　　　　　　　　　　B．控制学生上网时间

C．加强法律和道德规范建设　　　　　　D．加强网络监管

26．若已知"Z"的ASCII码值为5AH，则可推断出"X"的ASCII码值为_____。

A．57H　　　　　B．58H　　　　　C．59H　　　　　D．60H

27．ASCII是一种对_____进行编码的计算机编码系统。

A．汉字　　　　　B．字符　　　　　C．图像　　　　　D．声音

28．_____属于常用的网络安全技术。

A．调制解调技术　　B．微波中继技术　　C．防火墙技术　　D．虚拟现实技术

29．在GB2312-80中，汉字采用_____编码。

A．四字节　　　　　B．单字节　　　　　C．双字节　　　　　D．任意字节

30．若"中国"两个汉字采用32×32点阵输出，共需要_____字节来存储对应的点阵信息。

A．4　　　　　　B．64　　　　　　C．128　　　　　　D．256

31．Windows 10是一种_____。

A．数据库软件　　　　　　　　　　　B．应用软件

C．系统软件　　　　　　　　　　　　D．中文字处理软件

32．Java是一种_____。

A．系统软件　　　B．计算机设备　　　C．数据库　　　　D．应用软件

33．操作系统的主要功能是_____和用户界面管理。

A．文件管理　　　B．资源管理　　　C．安全管理　　　D．图标管理

34．操作系统按照功能特征可分为多种，其中商业上的机票订购系统属于_____。

A．批处理操作系统　B．分时操作系统　C．实时操作系统　D．网络操作系统

35．_____是开源软件。

A．Windows　　　B．Office　　　　C．Linux　　　　D．UNIX

36．卡内基梅隆大学计算机科学教授周以真提出了_____的概念。

A．抽象思维　　　B．计算思维　　　C．实证思维　　　D．逻辑思维

37．从思维的角度看，计算科学主要研究_____的概念、方法和内容，并发展成为解决问题的一种思维方式。

A．理论思维　　　B．实验思维　　　C．计算思维　　　D．逻辑思维

38．计算思维的本质是_____。

A．问题求解和系统设计　　　　　　　B．抽象和自动化

C．建立模型和设计算法　　　　　　　D．理解问题和编程实现

39．计算思维中的抽象超越物理的时空观，可以完全用_____来表示。

A．符号　　　　　B．编码　　　　　C．公式　　　　　D．数据

40．_____不属于计算思维的特征。

A．概念化的抽象思维　　　　　　　　B．人的思维

C．计算机的思维方式　　　　　　　　D．数学和工程思维的互补与融合

41．计算思维属于_____。

A．人的思维方式　　　　　　　　　　B．计算机的思维方式

C．实验思维　　　　　　　　　　　　D．数学思维

42. 关于计算思维，错误的描述是_____。

A. 它具有计算机学科的许多特征

B. 它在计算机科学中得到充分体现

C. 它的有些内容与计算机学科没有直接关联

D. 它是计算机学科的专属

43. _____不是云计算的特征。

A. 虚拟化   B. 灵活定制   C. 通用性   D. 低可靠性

44. _____不是云计算常见的服务模式。

A. DNS   B. IaaS   C. PaaS   D. SaaS

45. _____不是大数据的特点。

A. 数据量大   B. 数据种类多   C. 价值密度高   D. 处理速度快

46. ETL 数据仓库技术是与_____技术紧密相关的。

A. 物联网   B. 大数据   C. 人工智能   D. 数字媒体

47. _____不是人工智能主要技术。

A. 机器学习   B. 传感技术   C. 人工神经网络   D. 搜索技术

48. 自然语言理解是人工智能的重要应用领域，_____不是它要实现的目标。

A. 理解别人讲的话

B. 对自然语言表示的信息进行分析、概括或编辑

C. 欣赏音乐

D. 机器翻译

49. _____是人工智能的重要应用。

A. 数据库   B. 操作系统   C. 固态硬盘   D. 机器翻译

50. _____不是数字媒体的关键技术。

A. 压缩技术   B. 存储技术   C. 传输技术   D. 传感技术

51. _____不属于人机交互新技术。

A. 虚拟现实   B. 增强现实   C. 混合现实   D. 有线传屏

52. 在物联网三项关键技术中，不包括_____。

A. 传感器技术   B. 电子标签   C. 嵌入式系统技术   D. 空间定位技术

53. _____应用不属于 5G 的主要应用。

A. VR 全景直播   B. 数字货币   C. 自动驾驶   D. 智能电网

54. 第五代移动通信技术（5G）是_____移动通信技术。

A. 蜂窝   B. WIFI   C. WAPI   D. 蓝牙技术

55. 区块链是指通过去中心化和去信任的方式集体维护一个可靠数据库的技术方案，实现从信息互联网到_____的转变。

A. 数据互联网   B. 货币互联网   C. 信用互联网   D. 价值互联网

56. 区块链是指通过_____的方式集体维护一个可靠数据库的技术方案。

A. 中心化和信任   B. 去中心化和信任

C. 中心化和去信任   D. 去中心化和去信任

57. 网络安全首先需要技术的保障，其次需要_____的支持，最终需要伦理的关怀。

A. 人民   B. 经济   C. 物质   D. 法律

58．在区块链中，数据层的安全主要依赖于_____，包括哈希算法、加密算法、数字签名等。

A．网络安全技术　　　　B．密集网络技术　　　　C．密码学技术　　　　D．搜索技术

59．计算机安全包含_____和逻辑安全。

A．物理安全　　　　　B．数据安全　　　　　C．设备安全　　　　　D．人员安全

60．信息安全不包含的内容是_____。

A．保密性和完整性　　　　　　　　　　B．可用性、可控性和可靠性

C．不可否认性　　　　　　　　　　　　D．可识别性

61．_____不属于信息安全所涉及的技术。

A．压缩技术　　　　　B．加密技术　　　　　C．数字签名　　　　　D．访问控制

62．_____是保护数据在网络传输的过程中不被窃听、篡改或伪造的技术。

A．加密技术　　　　B．访问控制技术　　　　C．防火墙技术　　　　D．身份识别技术

63．在常用信息安全技术中，_____可防止通信双方欺骗和抵赖行为。

A．数字签名　　　　　B．防火墙　　　　　C．访问控制　　　　　D．物联网

1.1.2　是非题

1．物质、能源和数据是人类社会赖以生存、发展的三大重要资源。

A．正确　　　　　　　B．错误

2．按照信息的载体和通信方式的发展，信息技术可以大致分为古代信息技术、近代信息技术和现代信息技术三个发展阶段。

A．正确　　　　　　　B．错误

3．现代信息技术的内容主要包括信息获取技术、信息传输技术、信息处理技术、信息存储技术、信息控制和展示技术。

A．正确　　　　　　　B．错误

4．图灵在计算机科学方面的主要贡献是建立了图灵机和提出了图灵测试。

A．正确　　　　　　　B．错误

5．在微型计算机中，信息的基本存储单位是字节，每个字节内含 8 个二进制位。

A．正确　　　　　　　B．错误

6．二进制数 10110B 转换为十进制数是 23。

A．正确　　　　　　　B．错误

7．冯·诺依曼结构的计算机是由 CPU、控制器、存储器、输入设备和输出设备五大部件组成的。

A．正确　　　　　　　B．错误

8．计算机完成一条指令一般经过取指令、指令编译、执行指令和存储操作结果四步。

A．正确　　　　　　　B．错误

9．激光打印机的传输线要和主机相连，最常用的端口是 OS/2。

A．正确　　　　　　　B．错误

10．Cache 是一种介于 CPU 和内存之间的可高速存取数据的芯片，用于解决容量不够大的问题。

A．正确　　　　　B．错误

11．汉字以 24×24 点阵形式在屏幕上单色显示时，每个汉字的显示需占用 96 字节。

A．正确　　　　　B．错误

12．计算机软件分为系统软件和应用软件，其中游戏软件属于应用软件。

A．正确　　　　　B．错误

13．计算机系统由软件和硬件两大部分组成，其中软件又可分为系统软件和应用软件。

A．正确　　　　　B．错误

14．计算机编程语言可分为机器语言和面向对象语言两大类。

A．正确　　　　　B．错误

15．计算思维被认为是理论思维、实验思维后的第三种科学研究的思维方式，它的本质是抽象和自动化。

A．正确　　　　　B．错误

16．云计算的主要技术是虚拟化、分布式存储、计算机视觉、并行编程模式等技术。

A．正确　　　　　B．错误

17．目前掀起的人工智能热潮主要是因为深度学习技术取得了突破性的进展。

A．正确　　　　　B．错误

18．人机交互技术是指通过计算机输入、输出设备，以有效的方式实现人与计算机对话的技术。

A．正确　　　　　B．错误

1.2　数据文件管理

1.2.1　单项选择题

1．_____操作系统不是微软公司开发的。

A．Linux　　　　　　　　　　　B．Windows Server 2012
C．Windows 7　　　　　　　　　D．Windows 10

2．_____操作系统只能使用命令输入方式。

A．DOS　　　　　　　　　　　　B．Mac OS
C．Microsoft Windows XP　　　　D．Microsoft Windows 2010

3．Windows 10 操作系统包含 7 个版本，其中_____面向尺寸较小、配置触控屏的移动设备。

A．家庭版　　　　B．企业版　　　　C．教育版　　　　D．移动版

4．在 Windows 的任务管理器中，单击_____选项卡，可以查看 CPU 和内存的详细使用情况。

A．用户　　　　B．进程　　　　C．性能　　　　D．服务

5．NTFS 取代了_____文件系统，成为目前 Windows 操作系统的主要文件系统。

A．FAT　　　　B．DOS　　　　C．Ext3　　　　D．HDFS

6．在 Windows 系统中，标题栏是位于窗口最_____的带状条，用于说明当前窗口的内容

主题。

  A．上端   B．下端   C．左端   D．右端

  7．任务栏的_____区域位于任务栏右侧，除直观地反映网络、语言、声音、时间和系统功能的状态外，还会主动推送一些应用的提示信息。

  A．按钮   B．应用程序固定/取消

  C．显示桌面   D．通知

  8．_____操作系统不是微软公司开发的。

  A．Windows Server 2012   B．Windows 11

  C．UNIX   D．Windows 10

  9．Windows 文件资源管理器窗口地址栏中显示的是_____。

  A．文件单元格   B．文件或文件夹所在路径

  C．网站   D．住址

  10．Windows 操作系统中，应用安装程序的文件名通常是_____。

  A．setup.exe B．setup.xml C．setup.ini D．setup.dat

  11．若用户需要将笔记本电脑连接投影仪，在 Windows 10 中按"_____+<F1>～<F10>中有显示器图标的按键"可切换至投影仪。

  A．<Windows> B．<Ctrl> C．<Alt> D．<Fn>

  12．在 Mac OS X 系统中，存在_____、Local、Network 和 System 四个文件系统区域。

  A．文档   B．图片   C．User   D．Windows

  13．在 Windows 操作中，经常会用到剪切、复制、粘贴、撤销功能。其中，撤销功能的快捷键为_____。

  A．<Ctrl>+<C> B．<Ctrl>+<Z> C．<Ctrl>+<X> D．<Ctrl>+<V>

  14．_____不属于 Windows 控制面板中的设置项目。

  A．系统和安全 B．程序   C．游戏控制 D．网络和 Internet

  15．Windows 操作系统的快捷方式，一般扩展名为_____。

  A．.lnk   B．.dat   C．.mid   D．.png

  16．Windows 系统提供系统备份/还原功能，_____是最彻底的备份。

  A．系统映像备份 B．文件备份 C．应用程序备份 D．数据备份

  17．_____取代了文件分配表（FAT）文件系统，成为目前 Windows 操作系统的主要文件系统。

  A．DOS   B．Ext3   C．NTFS   D．HDFS

  18．Windows 的文件资源管理器中，有_____个默认的库。

  A．1   B．2   C．3   D．4

  19．利用 Windows 10 系统中的备份功能，无法备份的是_____。

  A．硬件设备 B．桌面系统 C．整个操作系统 D．某个应用软件

  20．Android 设备有两个文件存储区域：内部存储和_____。

  A．移动存储 B．Cache 存储 C．云储存 D．外部存储

  21．在 Windows 系统中，常见的文件属性有_____。

  A．只读、隐藏 B．只读、共享 C．系统、共享 D．隐藏、共享

  22．在 Windows 系统中，如果要卸载或更改程序，可以在控制面板上选用_____功能。

A．系统和安全　　　　　B．硬件和声音　　　　　C．程序　　　　　D．外观及个性化

23．在 Windows 10 的文件夹窗口中，已经将搜索工具条集成到_____，这样不仅可以随时查找文件，还可以对任意文件夹进行搜索。

A．工具栏　　　　　　　B．状态栏　　　　　　　C．菜单　　　　　D．桌面

24．在 Windows 系统中，如果卸载一款应用程序，不可以_____。

A．在控制面板的"程序"窗口中，选中程序后单击工具栏中的"卸载"按钮

B．在控制面板的"程序"窗口中，选中程序右击鼠标，在菜单中选择"卸载"命令

C．选中程序图标，直接按<Delete>键

D．利用文件名为"Uninstall.exe"的卸载程序

25．在 Windows 系统中，_____属于桌面主题。

A．窗口图标　　　　　　B．屏幕保护方式　　　　C．Dock 栏　　　　　D．磁贴

26．在 Windows 系统中，用户文件的属性不包括_____。

A．只读　　　　　　　　B．只写　　　　　　　　C．隐藏　　　　　D．存档

27．在 Windows 系统中，应用程序在安装时，往往会安装文件名为_____的卸载程序。

A．setup.exe　　　　　　B．install.exe　　　　　C．Uninstall.exe　　　D．login.exe

28．在 Windows 系统中操作时，用鼠标右击对象，则_____。

A．可以打开一个对象的窗口　　　　　　　　B．激活该对象

C．复制该对象的备份　　　　　　　　　　　D．弹出针对该对象操作的快捷菜单

29．_____负责为用户建立文件，存入、读出、修改、转储文件，控制文件的存取等。

A．资源管理器　　　　　B．文件管理器　　　　　C．资源系统　　　　D．文件系统

30．在 Windows 文件系统中，文件在磁盘上存放以_____为基本单位。

A．扇区　　　　　　　　B．簇　　　　　　　　　C．位　　　　　　　D．字节

31．在 Mac OS X 系统中，存在_____个文件系统区域。

A．一　　　　　　　　　B．二　　　　　　　　　C．三　　　　　　　D．四

32．iOS 操作系统是由_____公司开发的移动操作系统。

A．微软　　　　　　　　B．苹果　　　　　　　　C．谷歌　　　　　　D．诺基亚

33．在 Android 操作系统中，不支持_____文件系统。

A．Ext2　　　　　　　　B．Ext3　　　　　　　　C．Ext4　　　　　　D．HDFS

34．在 Windows 操作系统中，各种信息都是以_____形式保存在存储设备中的。

A．库　　　　　　　　　B．文件　　　　　　　　C．图标　　　　　　D．程序

35．在 Windows 文件资源管理器中，可以直接进行预览的文件格式是_____。

A．.fla　　　　　　　　B．.rar　　　　　　　　C．.jpg　　　　　　D．.psd

36．关于库功能，说法错误的是_____。

A．库中可添加硬盘中的任意文件夹

B．库中文件夹里的文件保存在原来的地方

C．库中添加的是指向文件夹或文件的快捷方式

D．库中文件夹里的文件被彻底移到库中

37．Windows 10 对资源管理器窗口进行了升级，_____不属于文件资源管理器窗口的基本组成部分。

A．导航窗格　　　　　　B．地址栏　　　　　　　C．任务栏　　　　　D．菜单栏

38．在 Windows 10 的文件资源管理器中，选择_____查看方式可以显示文件的"大小"和"修改时间"。

A．大图标　　　　　B．小图标　　　　　C．列表　　　　　D．详细资料

39．Windows 10 的文件系统规定_____。

A．同一文件夹中的文件可以同名

B．不同文件夹中，文件不可以同名

C．同一文件夹中，子文件夹可以同名

D．同一文件夹中，子文件夹不可以同名

40．在 Windows 10 中，新建文件命名时，文件名合法的是_____。

A．myfile:docx　　B．myfile.docx　　C．my?file.docx　　D．my/file.docx

41．在资源管理器窗口中，若要选定连续的几个文件或文件夹，可以在选中第一个对象后，用_____键+单击最后一个对象的方法完成选取。

A．<Tab>　　　　　B．<Shift>　　　　　C．<Alt>　　　　　D．<Ctrl>

42．直接永久删除文件而不是将其移至回收站的快捷键是_____。

A．<Esc>+<Delete>　　　　　　　　　B．<Alt>+<Delete>

C．<Ctrl>+<Delete>　　　　　　　　　D．<Shift>+<Delete>

43．在 Windows 10 的下列操作中，无法创建应用程序快捷方式的是_____。

A．在目标位置单击鼠标右键　　　　　B．在对象上单击右键

C．用鼠标右键拖曳对象　　　　　　　D．在目标位置单击鼠标左键

44．在 Windows 环境下，剪贴板是_____上的一块区域。

A．软盘　　　　　B．硬盘　　　　　C．光盘　　　　　D．内存

45．剪贴板的作用是_____。

A．临时存放应用程序剪切或复制的信息　　B．作为资源管理器管理的工作区

C．作为并发程序的信息存储区　　　　　　D．在使用 DOS 时划分的临时区域

46．在 Windows 10 中，用屏幕复制时想复制当前窗口的画面，应使用_____键。

A．<Print Screen>　　　　　　　　　　B．<Alt>+<Print Screen>

C．<Ctrl>+<Print Screen>　　　　　　　D．<Shift>+<Print Screen>

47．在 Windows 10 中，_____不能利用任务栏中的"搜索框"命令查找。

A．文件　　　　B．文件夹　　　　C．硬盘的生产日期　　D．应用程序

48．_____是关于 Windows 的文件类型和关联的不正确说法。

A．一种文件类型可不与任何应用程序关联

B．一个应用程序只能与一种文件类型关联

C．一般情况下，文件类型由文件扩展名标识

D．一种文件类型可以与多个应用程序关联

49．要关闭没有响应的程序，最确切的方法是按_____。

A．主机 Reset 按钮　　　　　　　　　　B．<Ctrl>+<F4>组合键

C．<Ctrl>+<Alt>+<Del>组合键　　　　　D．<Alt>+<Tab>组合键

50．在 Windows 操作系统中，要关闭当前应用程序，可按_____组合键。

A．<Alt>+<F4>　　B．<Shift>+<F4>　　C．<Ctrl>+<F4>　　D．<Alt>+<F3>

51．当一个应用程序窗口被最小化后，该应用程序_____。

  A．继续在桌面运行   B．仍然在内存中运行

  C．被终止运行   D．被暂停运行

52．下列是安装文件的是_____。

  A．Wenben.docx   B．Tupian.jpg

  C．Donghua.swf   D．WeChatSetup.exe

53．在 Windows 10 中，选择全部文件夹或文件的快捷键是_____。

  A．<Shift>+<A>   B．<Ctrl>+<A>   C．<Shift>+<S>   D．<Ctrl>+<S>

54．Windows 10 的整个显示器屏幕称为_____。

  A．窗口   B．桌面   C．任务栏   D．选项卡

55．在 Windows 操作系统中，_____属于桌面主题。

  A．窗口图标   B．桌面背景   C．Dock 栏   D．磁贴

56．在 Windows 操作系统中，下列_____不属于桌面主题。

  A．窗口颜色   B．桌面上可见元素的显示风格

  C．桌面图标的排列方式   D．桌面背景

57．桌面图片可以用幻灯片放映方式定时切换，设置时最关键的步骤是_____。

  A．选择图片位置   B．选择图片颜色

  C．设置图片时间间隔   D．保存主题

58．Windows 操作系统桌面图标有四种排序方式，分别按名称、项目类型、修改日期、_____排列。

  A．大小   B．平铺   C．列表   D．层叠

59．桌面图标的排列方式可以通过_____来设定。

  A．任务栏快捷菜单   B．桌面快捷菜单   C．任务按钮栏   D．图标快捷菜单

60．在 Windows 操作系统中，查看桌面图标的属性可以通过_____来实现。

  A．图标快捷菜单   B．桌面快捷菜单

  C．任务栏   D．任务栏快捷菜单

61．在 Windows 中，按键盘上的<▦>键将_____。

  A．打开选定文件   B．关闭当前运行程序

  C．显示"系统"属性   D．显示"开始"菜单

62．关于 Windows 10 的"任务栏"，描述正确的是_____。

  A．显示系统的所有功能   B．只显示当前活动程序窗口名

  C．只显示正在后台工作的程序窗口名   D．便于实现程序窗口之间的切换

63．如果要调整日期时间，可以用鼠标右击_____，然后从快捷菜单中选择"调整日期/时间"命令。

  A．桌面空白处   B．任务栏空白处

  C．任务栏通知区   D．通知区日期/时间

64．为了防止计算机在使用过程中出现系统崩溃，Windows 操作系统可通过_____功能防患于未然。

  A．重新启动   B．结束进程   C．安装和删除   D．备份和恢复

65．在 Windows 操作系统中，当用户将笔记本电脑连接到投影仪或大屏幕显示器时，所使用的投影管理窗口中有_____个选项。

A．1　　　　　　　　B．2　　　　　　　　C．3　　　　　　　　D．4

66．关于 Windows 10 的启动，以下描述错误的是_____。

A．启动 Windows 10 操作系统时，可选择登录账户

B．用户登录账户时必须输入密码

C．启动 Windows 操作系统时，按 F8 键可进入安全模式

D．用户账户的登录密码可在控制面板中设置

67．在 Windows 10 操作系统中，显示桌面的快捷键是_____。

A．<Win>+<P>　　　B．<Win>+<D>　　　C．<Win>+<Tab>　　　D．<Alt>+<Tab>

68．在 Windows 10 操作系统中，经常用到剪切、复制和粘贴功能，其中剪切功能的快捷键为_____。

A．<Ctrl>+<S>　　　B．<Ctrl>+<X>　　　C．<Ctrl>+<C>　　　D．<Ctrl>+<V>

69．在 Windows 10 的资源管理器中，对一个选定的文件进行_____操作并确认后，该文件无法恢复。

A．按<Shift>+<Delete>键　　　　　　　B．按<Delete>键

C．按鼠标右键并在快捷菜单上选"剪切"　　D．按鼠标右键并在快捷菜单上选"删除"

70．在 Windows 10 中，下面正确的是_____。

A．屏幕上可以出现多个窗口，但至多只有一个是活动窗口

B．屏幕上只能出现一个窗口，这个窗口就是活动窗口

C．屏幕上可以出现多个窗口，不止一个是活动窗口

D．屏幕上可以出现多个活动窗口

71．一般情况下，文件的类型可以根据_____来识别。

A．文件的大小　　　B．文件的用途　　　C．文件的存放位置　　　D．文件的扩展名

72．下列关于任务栏作用的说法中，错误的是_____。

A．显示当前活动窗口名　　　　　　　　B．显示正在后台工作程序的窗口名

C．实现窗口之间的切换　　　　　　　　D．显示系统所有功能

73．在 Windows 10 的资源管理器窗口中，利用导航窗口可以快捷地在不同的位置之间进行浏览，但该窗口一般不包括_____部分。

A．收藏夹　　　　　B．桌面　　　　　C．此电脑　　　　　D．网络

74．在 Windows 10 中，关于剪贴板，以下描述不正确的是_____。

A．剪贴板中的信息可被多次使用

B．剪贴板中的信息可以在其他软件中进行粘贴

C．剪贴板中既能存放文字，又能存放图片等

D．只有"剪切"和"复制"才可将信息送到剪贴板中

75．以下_____不是防止计算机遭受潜在安全威胁的方法。

A．自动更新 Windows　　　　　　　　B．使用防火墙

C．使用病毒软件　　　　　　　　　　D．使用间谍软件

1.2.2　是非题

1．在 Windows 10 中，单击任务栏上的"显示桌面"按钮，可以将桌面上所有窗口最小化。

A．正确 　　　　　　B．错误

2．计算机中文件或文件夹的位置称为路径，路径有绝对路径和相对路径。

A．正确 　　　　　　B．错误

3．对存储在磁盘上的文件而言，每个文件都有其文件主名、扩展名、大小、路径等属性，其中文件主名可以确定一个文件的存放位置。

A．正确 　　　　　　B．错误

4．Windows 10 中的库可以收集存储在多个不同位置的文件夹和文件，将它们都汇聚在一起。

A．正确 　　　　　　B．错误

5．剪贴板是 Windows 操作系统在硬盘上开辟的临时数据存储区。

A．正确 　　　　　　B．错误

6．文件管理系统是进行数据文件管理的有效工具，它控制和管理系统内各种硬件和软件资源、合理有效地组织计算机系统的工作，为用户提供良好的人机交互界面。

A．正确 　　　　　　B．错误

7．在 Windows 10 的睡眠模式下，系统的状态是不保存的。

A．正确 　　　　　　B．错误

8．操作系统中负责管理和存储文件信息的软件系统称为文件管理系统。

A．正确 　　　　　　B．错误

9．Mac 的架构与 Windows 不同，很少受到病毒袭击，安全性高；没有磁盘碎片，不用整理硬盘，不用分区，几乎没有死机，不用关机。

A．正确 　　　　　　B．错误

10．在 Android 4.4 之前，手机自身带的存储卡就是内部存储，而扩展的 SD Card 是外部存储。

A．正确 　　　　　　B．错误

11．Windows 操作系统的文件和文件夹组织结构属于网状结构。

A．正确 　　　　　　B．错误

12．在操作系统中，每个文件都有一个属于自己的文件名，文件名的格式是"主文件名.扩展名"。

A．正确 　　　　　　B．错误

13．在 Windows 操作系统中，剪贴板可以实现各个应用程序之间的信息交换。

A．正确 　　　　　　B．错误

14．在 Windows 控制面板中，集中了系统的设置功能，如"添加""删除"硬件和软件等。

A．正确 　　　　　　B．错误

15．虚拟桌面（如 Mac OS X 与 Linux）中建立多个桌面，在各个桌面上运行不同的程序可互不干扰。

A．正确 　　　　　　B．错误

16．屏幕保护是为保护显示器而设计的一种专门程序。其目的是防止电脑因无人操作而使显示器长时间显示同一个画面，导致显示器老化而缩短其寿命。

A．正确 　　　　　　B．错误

17. 在 Windows 操作系统中，查看桌面图标的属性可以通过桌面快捷菜单来实现。

A．正确　　　　　　B．错误

18. Windows 操作系统任务栏中的任务按钮区，主要放置固定在任务栏上的程序及当前正打开着的程序和文件。

A．正确　　　　　　B．错误

1.3　计算机网络基础及应用

1.3.1　单项选择题

1. 将远程计算机上的文件保存到本地计算机的过程称为_____。

A．下载　　　　B．上传　　　　C．登录　　　　D．浏览

2. 数据通信的目的是交换_____。

A．信息　　　　B．知识　　　　C．内容　　　　D．地址

3. 一个数据通信的系统模型不包括_____部分。

A．数据内容　　　B．数据源　　　C．数据通信网　　　D．数据宿

4. _____是一种通过公共交换机转接，为大量用户提供服务的信道。

A．专用信道　　　B．公共信道　　　C．物理信道　　　D．逻辑信道

5. 数字信号传输时，传输速率 bps 是指_____。

A．每秒字节数　　　　　　　　B．每分钟字节数

C．每秒通信的次数　　　　　　D．每秒通过的位数

6. _____不是数据通信的主要技术指标。

A．完整率　　　B．传输速率　　　C．差错率　　　D．带宽

7. _____是数字信道带宽的单位。

A．Hz　　　　B．b/s　　　　C．baud　　　　D．fps

8. 通常情况下，用户使用浏览器阅读邮件时，使用的是互联网的_____服务。

A．FTP　　　　B．Telnet　　　C．DNS　　　　D．WWW

9. 城域网的英文缩写是_____。

A．LAN　　　　B．MAN　　　　C．WAN　　　　D．CYW

10. 通常情况下，假设采用一台交换机作为中心节点把几台计算机连接成网络，那么此网络拓扑结构是_____。

A．总线型　　　B．星形　　　　C．环形　　　　D．网状形

11. 通常情况下，学校机房的网络物理拓扑结构是_____。

A．总线型　　　B．星形　　　　C．网状形　　　D．环形

12. 在 OSI/RM 的七层结构中，从下往上数传输层是第_____层。

A．2　　　　　B．3　　　　　C．4　　　　　D．5

13. TCP/IP 协议的参考模型共分四层，其中最高层是_____。

A．网络层　　　B．表示层　　　C．会话层　　　D．应用层

14. 网络地址转换技术很好地解决了_____问题。

A. 网络入侵　　　　　　B. 存储空间不足　　　　C. IP 地址紧缺　　　　D. 系统安装

15. _____不属于 C 类 IP 地址。

A. 200.0.0.1　　　　　B. 192.168.0.1　　　　C. 220.55.6.1　　　　D. 124.0.0.1

16. 128.0.0.1 属于_____IP 地址。

A. A 类　　　　　　　B. B 类　　　　　　　C. C 类　　　　　　　D. D 类

17. 关于无线网络设置，说法正确的是_____。

A. SSID 是无线网卡的名称

B. AP 是路由器的简称

C. 无线安全设置是为了保护路由器的安全

D. 家用无线路由常被认为是 AP 和宽带路由二合一的产品

18. "_____127.0.0.1"命令用于确认本机 TCP/IP 协议是否被正确安装和加载。

A. ping　　　　　　　B. ipconfig　　　　　　C. config　　　　　　D. cmd

19. 利用百度搜索信息时，要将检索范围限制在网页标题中，应该使用的语法是_____。

A. site　　　　　　　B. intitle　　　　　　　C. inurl　　　　　　D. filetype

20. 以关键字搜索引擎服务为主界面的网站是_____。

A. 百度　　　　　　　B. 搜狐　　　　　　　C. 雅虎　　　　　　　D. 新浪

21. 在电子邮件服务中，_____协议用于邮件客户端将邮件发送到服务器。

A. POP3　　　　　　　B. IMAP　　　　　　　C. SMTP　　　　　　D. ICMP

22. _____不属于物联网的体系框架。

A. 感知层　　　　　　B. 网络层　　　　　　C. 应用层　　　　　　D. 协议层

23. 物联网的体系框架包括感知层、网络层和_____层。

A. 网络　　　　　　　B. 应用　　　　　　　C. 会话　　　　　　　D. 传输

24. 在物联网的体系架构中，感知层相当于人的_____。

A. 大脑　　　　　　　B. 皮肤　　　　　　　C. 社会分工　　　　　D. 神经中枢

25. 在物联网中，_____系统可获取物体的状态信息和外部环境信息。

A. 传感器　　　　　　B. 电子眼　　　　　　C. RFID　　　　　　　D. 网络

26. 射频识别网络是物联网海量数据的重要来源之一，而_____是读取数据信息的关键器件。

A. Excel 表格　　　　B. RFID 阅读器　　　　C. Windows Defender　D. OneDrive

27. 传输距离最短的无线通信方式是_____。

A. 蓝牙　　　　　　　B. RFID　　　　　　　C. NFC　　　　　　　D. 红外

28. 统计数据表明，网络和信息系统最大的人为安全威胁来自_____。

A. 恶意竞争对手　　　B. 内部人员　　　　　C. 互联网黑客　　　　D. 第三方人员

29. 防火墙用于将 Internet 和内部网络隔离，_____。

A. 是防止 Internet 火灾的硬件设施

B. 是网络安全和信息安全的软件和硬件设施

C. 是保护线路不受破坏的软件和硬件设施

D. 是起抗电磁干扰作用的硬件设施

30. 关于防火墙功能的描述，错误的是_____。

A. 防火墙是安全策略的检查站

B．防火墙可用于划分 VLAN

C．防火墙能对网络存取和访问进行监控审计

D．防火墙能防止内部网络相互影响

31．按照防火墙应用部署位置，可将防火墙分为_____防火墙和个人防火墙。

A．边界 　　　　　B．应用代理型 　　　　C．软件 　　　　D．芯片级

32．_____不属于 OneDrive 云存储的特点。

A．管理和共享文档 　　　　　　　　　B．实时协作

C．强大的数据访问功能 　　　　　　　D．高成本

33．关于计算机病毒，错误的描述是_____。

A．它是一段程序或一段代码 　　　　　B．它是人为编制的

C．它能破坏计算机功能 　　　　　　　D．它不能自我复制

34．网络蠕虫病毒以网络带宽资源为攻击对象，主要破坏网络的_____。

A．可用性 　　　　B．完整性 　　　　C．保密性 　　　　D．可靠性

35．不属于杀毒软件的是_____。

A．腾讯电脑管家 　　B．瑞星 　　　　C．360 安全浏览器 　D．金山毒霸

36．能够有效地防御未知的新病毒对信息系统造成破坏的安全措施是_____。

A．防火墙隔离 　　　　　　　　　　　B．安装安全补丁程序

C．安装专用病毒查杀工具 　　　　　　D．部署网络入侵检测系统

37．在数据通信的系统模型中，_____不是数据通信网的组成要素。

A．传输信道 　　　B．Cache 　　　　C．发送设备 　　　D．接收设备

38．局域网、城域网、广域网和因特网是以_____来划分的。

A．网络的使用者 　　　　　　　　　　B．信息交换方式

C．网络的覆盖范围 　　　　　　　　　D．网络所使用的协议

39．网址"http://www.baidu.com"，其中 http 表示的是_____。

A．协议名 　　　　B．服务器域名 　　C．端口 　　　　D．文件名

40．在物联网的体系框架中，_____主要用于获取外部数据信息。

A．感知层 　　　　B．网络层 　　　　C．传输层 　　　　D．应用层

41．_____防火墙不属于按软、硬件形式来划分的。

A．芯片级 　　　　B．软件 　　　　　C．硬件 　　　　D．边界

42．在移动网络中，移动计算是将计算机网络和移动通信技术结合起来，为用户提供移动的计算环境，其涉及的主要技术不包括_____。

A．虚拟专用网络 　　　　　　　　　　B．蜂窝式数字分组数据通信

C．无线局域网 　　　　　　　　　　　D．无线应用协议 WAP

43．网络中某台主机的 IP 地址为 192.168.1.101，则该地址是_____。

A．48 位二进制数地址 　　　　　　　　B．标准的 IPv4 地址

C．标准的 IPv6 地址 　　　　　　　　　D．无效地址

44．NFC 技术是近距离无线通信技术，_____应用到了 NFC 技术。

A．手机扫码支付 　　B．磁条银行卡 　C．交通一卡通 　　D．无线局域网

45．RFID 是_____的简称。

A．传感器 　　　　B．射频识别系统 　C．嵌入式系统 　　D．无线通信技术

46. 采用_____可以查找主机 www.fudan.edu.cn 所对应的 IP 地址。

A. ICMP   B. FTP   C. DNS   D. SMTP

47. 分布在一栋楼内的计算机网络属于_____。

A. PAN   B. LAN   C. MAN   D. WAN

48. 局域网组建时，传输媒体一般使用_____。

A. 双绞线或光纤   B. 电话线或双绞线   C. 电话线或光纤   D. 红外线

49. 在移动电话通信系统中，把通信覆盖的地理区域划分为多个类似于_____形状的单元。

A. 正方形   B. 三角形   C. 蜂窝   D. 不规则

50. 当使用 QQ 进行网络聊天时，用户的计算机必须_____。

A. 连入互联网   B. 安装打印机   C. 安装防火墙   D. 装有鼠标

51. 广域网一般采用_____的网络拓扑结构。

A. 总线型   B. 星形   C. 环形   D. 网状形

52. 感知层是物联网的初始层级，也是数据的基础来源，其基础元件是_____。

A. 控制器   B. 传感器   C. 无线网络   D. 微处理器

53. 计算机病毒不具有_____的特点。

A. 破坏性   B. 传染性   C. 免疫性   D. 潜伏性

54. 模拟信道带宽的基本单位是_____。

A. bpm   B. b/s   C. Hz   D. ppm

55. 计算机病毒是指能够侵入计算机系统并进行潜伏、传播，破坏系统正常工作的一种具有繁殖能力的_____。

A. 流行性感冒病毒   B. 附着在计算机上的病原体

C. 特殊程序   D. 特殊微生物

56. 广域网的英文缩写是_____。

A. WAN   B. LAN   C. MAN   D. Internet

57. 门禁卡属于_____技术的主要应用之一。

A. 移动通信   B. 区块链   C. 无线局域网   D. NFC

58. _____服务不属于互联网服务。

A. 电子邮件   B. 货物快递   C. 信息查询   D. 移动支付

59. 在 IPv4 版本中，_____是正确 IP 地址。

A. 202.120.80.1   B. 202.120.8   C. 192.168.0.256   D. 172.16.23.6.7

60. IoT 是_____的英文缩写。

A. 互联网   B. 物联网   C. 车联网   D. 企业内联网

61. 计算机的备份对象主要是_____和数据备份。

A. 源代码备份   B. 系统备份   C. 图片资源备份   D. 硬件设备备份

62. 卫星通信系统由卫星和_____两部分组成。

A. 本地交换局   B. 电话分局   C. 地球站   D. 天线

63. Windows 10 中的 Windows Defender 防火墙属于_____。

A. 硬件防火墙   B. 软件防火墙   C. 芯片防火墙   D. 边界防火墙

64. _____不是物联网应用中的关键技术。

A. 传感器技术   B. RFID   C. 网格计算   D. 嵌入式系统

65．调制解调器的作用之一，可以_____。

A．将数字信号调制成模拟信号　　　　　　B．将二进制数据转为十进制

C．去掉传输信号中的干扰信号　　　　　　D．减少信号传输过程中的损耗

66．Windows 环境下，_____命令可用来测试本机与默认网关的连通情况。

A．ping　　　　　　　B．运行　　　　　　　C．arp　　　　　　　D．test

67．蠕虫病毒往往是通过_____将自身复制到其他计算机上的。

A．调制解调器　　　　B．系统　　　　　　　C．网络　　　　　　　D．防火墙

68．在按网络的交换功能分类中，_____既具有实时效应，又融合了存储转发机制。

A．电路交换网　　　　B．报文交换网　　　　C．报文分组交换网　　D．混合交换网

69．以下关于防火墙的说法，错误的是_____。

A．防火墙是安全策略的检查站

B．防火墙可以有效防止内部网络相互影响

C．有了防火墙，就可以抵御一切网络攻击

D．防火墙可以对网络存取和访问进行监控审计

70．信号传输的通路称为信道，信道按传输信号的类型可分为_____。

A．模拟信道和物理信道　　　　　　　　　　B．模拟信道和逻辑信道

C．模拟信道和无线信道　　　　　　　　　　D．模拟信道和数字信道

71．人们根据特定的需要，预先为计算机编制的指令序列称为_____。

A．软件　　　　　　　B．文件　　　　　　　C．程序　　　　　　　D．集合

72．作为电信与信息服务的发展趋势，人们通常所说的"三网合一"主要是指_____融合形成的宽带通信网络。

A．有线网、无线网、互联网　　　　　　　　B．局域网、广域网、因特网

C．电话网、有线电视网、计算机网络　　　　D．2G、3G、4G 移动通信网络

73．下列传输媒体_____属于有线媒体。

A．光纤　　　　　　　B．微波线路　　　　　C．卫星线路　　　　　D．红外传输

74．在同步卫星通信系统中，覆盖整个赤道圆周至少需要_____颗地球同步卫星。

A．5　　　　　　　　　B．4　　　　　　　　　C．3　　　　　　　　　D．2

75．TCP/IP 参考模型是一个用于描述_____的网络模型。

A．互联网体系结构　　　　　　　　　　　　B．局域网体系结构

C．广域网体系结构　　　　　　　　　　　　D．城域网体系结构

76．电子邮件地址由"用户名@"和_____组成。

A．邮件服务器域名　　B．网络服务器名　　　C．本地服务器名　　　D．邮件名

77．如果使用 IE 上网浏览网站信息，使用的是互联网的_____服务。

A．FTP　　　　　　　B．TELNET　　　　　　C．电子邮件　　　　　D．WWW

78．组建计算机网络能实现资源共享，这里的计算机资源主要指硬件、软件与_____。

A．大型机　　　　　　B．通信系统　　　　　C．数据　　　　　　　D．服务器

79．BBS 是_____的缩写。

A．超文本标记语言　　B．电子公告板　　　　C．网络电话　　　　　D．文件传输协议

80．网络系统的安全威胁主要来自_____。

A．黑客攻击　　　　　　　　　　　　　　　　B．计算机病毒

C. 操作系统安全漏洞   D. 以上都是

81. _____是 TCP/IP 中的超文本传输协议。

A. TCP   B. HTTP   C. IP   D. ICMP

82. 计算机病毒的感染途径有很多，不包括_____。

A. 网络传输   B. 随便使用他人的移动存储器

C. 使用盗版软件   D. 利用计算机休眠功能

83. 根据计算机网络的覆盖范围，可以把网络划分为三大类，以下_____不包括在其中。

A. 广域网   B. 城域网   C. 局域网   D. 宽带网

84. 在 OSI 七层结构模型中，最低层是_____。

A. 物理层   B. 网络层   C. 会话层   D. 表示层

85. HTTP 的默认端口是_____。

A. 21   B. 23   C. 80   D. 79

86. SMTP 指的是_____协议。

A. 文件传输   B. 用户数据报   C. 域名服务   D. 简单邮件传输

87. _____不属于因特网接入方式。

A. ADSL   B. PSTN   C. FTTD   D. HTTP

88. _____是关于集线器与交换机在网络结构中应用的正确描述。

A. 常作为以太网的集线中心设备

B. 常作为网络的终端设备使用

C. 可以作为终端设备，也可以作为布线中心设备使用

D. 不可以作为集线中心设备使用

1.3.2 是非题

1. 电子邮箱地址由"用户名@"和主机名组成。

A. 正确   B. 错误

2. 电子邮箱的地址是 shanghai@cctv.com.cn，其中 cctv.com.cn 表示邮件接收服务器域名。

A. 正确   B. 错误

3. 在电话线、双绞线、光纤、同轴电缆等有线传输介质中，抗干扰性最好的是同轴电缆。

A. 正确   B. 错误

4. 以太网是专用于物联网的技术规范。

A. 正确   B. 错误

5. 移动计算是将计算机网络和移动通信结合起来的技术。

A. 正确   B. 错误

6. IPv6 中规定了 IP 地址长度最多可达 36。

A. 正确   B. 错误

7. 网络上负责域名和 IP 地址转换的是 DNS。

A. 正确   B. 错误

8. 物联网传感器既可以单独存在，也可以与其他设备连接，它在感知层中具有两方面的作用，一个是识别物体，另一个是信息采集。

A．正确　　　　　　　　B．错误

9．射频识别网络是物联网海量数据的重要来源之一，而 RFD 标签是读取数据信息的关键器件。

A．正确　　　　　　　　B．错误

10．防火墙主要实现的是专用网络和公共网络之间的隔断。

A．正确　　　　　　　　B．错误

11．物联网的关键技术有 RFID 技术、传感技术和嵌入式技术。

A．正确　　　　　　　　B．错误

12．防火墙主要实现的是内部网络和外部网络之间的隔断。

A．正确　　　　　　　　B．错误

13．按照防火墙技术，可将防火墙分为包过滤型防火墙、应用代理型防火墙和混合型防火墙。

A．正确　　　　　　　　B．错误

14．按照防火墙应用部署位置，可将防火墙分为边界防火墙和中心防火墙。

A．正确　　　　　　　　B．错误

15．云计算技术是对并行计算、分布式计算和网格计算技术的发展与运用。

A．正确　　　　　　　　B．错误

16．无线局域网是利用无线技术实现快速接入以太网的技术。

A．正确　　　　　　　　B．错误

17．TCP/IP 协议的参考模型共分四层，其中最高层是表示层。

A．正确　　　　　　　　B．错误

18．在域名的命名规则中，edu 后缀对应的是商业类组织的域名。

A．正确　　　　　　　　B．错误

19．绝大多数木马程序是通过系统漏洞进行传播的。

A．正确　　　　　　　　B．错误

1.4　数据处理基础

1.4.1　单项选择题

1．在 Word 操作中，如果有需要经常执行的任务，使用者可以将完成任务要做的多个步骤录制到一个_____中，形成一个单独的命令，以实现任务执行的自动化和快速化。

A．批处理　　　　B．域　　　　C．宏　　　　D．代码

2．关于 PDF 文档，说法不正确的是_____。

A．PDF 是 Portable Document Format 的缩写，意为"可移植文档格式"

B．由 Adobe 公司最早开发的跨平台文档格式

C．Adobe Acrobat Pro 可以将 PDF 文件格式导出为 Word 格式

D．Adobe Acrobat Reader 只能对 PDF 文本进行阅读，不能进行标注

3. 在 Word 中，不可以用格式刷复制的格式是_____。

A. 图形格式　　　　　B. 字体格式　　　　　C. 段落缩进　　　　　D. 分栏

4. 在 Word 中，描述错误的是_____。

A. 选择"文件"功能区中的打印选项可以进行页面设置

B. 表格和文本可以互相转换

C. 可以通过选择或更改"样式"对文本进行设计

D. 页边距只能在"布局"选项卡的"页面设置"中设置

5. 在 Word 中，要给段落添加底纹，可以使用_____实现。

A. "开始"选项卡/"段落"组/"底纹"命令

B. "插入"选项卡/"底纹"命令

C. "插入"选项卡/"字体"命令

D. "开始"选项卡/"段落"命令

6. 在 Word 中，要给段落添加边框，可以使用_____实现。

A. "开始"选项卡/"段落"组/"边框"命令

B. "插入"选项卡/"边框"命令

C. "开始"选项卡/"字体"命令

D. "插入"选项卡/"字体"命令

7. 在 Word 中，对表格或单元格进行拆分与合并操作时，描述错误的是_____。

A. 一个表格可拆分成上下两个

B. 对表格单元格的合并，可以左右或上下进行

C. 对表格单元格的拆分，可以上下或左右进行

D. 一个表格只能拆分成左右两个

8. SmartArt 图形包含_____。

A. 流程图　　　　　B. 关系图　　　　　C. 矩阵图　　　　　D. 以上都包括

9. Word 的查找、替换功能非常强大，以下描述正确的是_____。

A. 不可以指定查找文字的格式，只可以指定替换文字的格式

B. 可以指定查找文字的格式，但不可以指定替换文字的格式

C. 不可以按指定文字的格式进行查找及替换

D. 可以按指定文字的格式进行查找及替换

10. 在 Word 窗口中，打开一个 680 页的文档，若想快速定位于 460 页，正确的操作是_____。

A. 用向下或向上箭头定位于 460 页

B. 用垂直滚动条快速移动定位于 460 页

C. 用 PageUp 或 PageDown 键定位于 460 页

D. 执行"开始"选项卡中，展开"查找"下拉列表，单击"转到"命令，在其对话框中输入页号

11. 在 Word 中，要插入目录，可使用_____选项卡目录组中的命令。

A. 引用　　　　　B. 视图　　　　　C. 插入　　　　　D. 页面布局

12. 文档内的图片在添加_____后，使用者可以通过插入交叉引用的方式在文档的任意位置引用该图片。

A. 脚注　　　　　B. 题注　　　　　C. 引文　　　　　D. 索引

13. 在 Word 中，如果使用者需要对文档进行内容编辑，最好使用审阅选项卡内的_____命令，以便文档的其他使用者了解修改情况。

    A．批注   B．修订   C．比较   D．校对

14. 在创建 Excel 图表时，若要表述各组成部分所占百分比，一般可采用的图表是_____。

    A．散点图   B．饼图   C．折线图   D．柱形图

15. 在 Excel 中，输入文本类型的数字字符串（如学号、产品条形码编号等）时，要在数字字符前加一个英文（西文）输入状态下的_____。

    A．逗号   B．分号   C．单引号   D．双引号

16. 在 A1、A2 单元格中分别输入第一季度、第二季度，选中 A1:A2 区域，使用填充柄功能填充，在 A4 单元格内生成的信息是_____。

    A．第一季度   B．第二季度   C．第三季度   D．第四季度

17. 在选择性粘贴时，可以使复制的数据与原数据修改时保持一致的选项是_____。

    A．值   B．格式   C．转置   D．粘贴链接

18. 在 Excel 中，复制工作表公式单元格时，其公式中的_____。

    A．绝对地址和相对地址都不变   B．绝对地址和相对地址都会自动调整

    C．绝对地址不变，相对地址自动调整   D．绝对地址自动调整，相对地址不变

19. 在 Excel 中，用来进行计数的函数是_____。

    A．AVERAGE()   B．SUM()   C．MAX()   D．COUNT()

20. 在 Excel 中，一个 IF 函数最多可以设置_____个参数。

    A．4   B．3   C．2   D．1

21. 单元格 C3 中输入公式为 "= IF(AND(B3>=9.9,B3<=10.1),"合格","不合格")"，若 B3 的值为 10，则单元格 C3 显示_____。

    A．合格   B．不合格   C．10   D．错误标记

22. 利用 Excel 软件对数据进行的排序不包括_____。

    A．简单排序   B．复杂排序   C．单元格排序   D．自定义排序

23. 筛选就是从数据列表中显示满足符合条件的数据，筛选有_____筛选和高级筛选。

    A．自动   B．手动   C．低级   D．简单

24. 在 Excel 中，对数据表进行自动筛选后，所选数据表的每个字段名旁都对应着一个_____。

    A．下拉按钮   B．对话框   C．窗口   D．工具栏

25. 使用高级筛选时，处于条件区域内同一行的条件是_____关系。

    A．与   B．或   C．非   D．与或

26. 在创建分类汇总前，必须根据分类字段对数据列表进行_____。

    A．筛选   B．排序   C．计算   D．指定

27. _____可以对大量数据进行快速汇总和建立交叉列表的交互式表格。

    A．数据透视表   B．分类汇总   C．筛选   D．排序

28. 在 Excel 中，创建数据透视表时，可以选择_____中放置透视表的位置。

    A．在新工作表   B．在新工作簿

    C．在外部数据文件   D．在另一个数据透视表

29. 在 Excel 图表中，_____可以存放在单元格中。

A. 柱形图   B. 迷你图   C. 直方图   D. 透视图

30. 下列不是 PowerPoint 能保存的文件格式扩展名的是_____。

A. .potx   B. .wmv   C. .pptx   D. .dbk

31. PowerPoint 文档打印时不能选择的颜色效果是_____。

A. 灰度   B. 纯黑白   C. 颜色   D. RGB 色

32. PowerPoint 中，从外部复制的文字，不可以用_____粘贴选项进行粘贴。

A. 图片   B. 纯文本   C. 保留原格式   D. 嵌入

33. 在 PowerPoint 演示文稿中，利用_____可以将幻灯片整理成组，使幻灯片更加直观和易于管理。

A. 节   B. 编号   C. 页码   D. 母版

34. PowerPoint 中编辑时可以多次被不同文档使用的是_____。

A. 母版   B. 模板   C. 版式   D. 节

35. 在 PowerPoint 2016 中，模板文件的扩展名是_____。

A. .pptx   B. .potx   C. .prtx   D. .pftx

36. 在 PowerPoint 中，幻灯片中占位符的作用是_____。

A. 表示文本长度   B. 限制插入对象的数量

C. 表示图形大小   D. 为文本、图形等对象预留位置

37. 在 PowerPoint 中，"页眉和页脚"对话框中不能设置_____。

A. 日期和时间   B. 幻灯片编号   C. 幻灯片页眉   D. 页脚

38. PowerPoint 中，在_____选项卡下设置幻灯片的背景。

A. 插入   B. 开始   C. 设计   D. 动画

39. PowerPoint 中动作路径动画分为三类，不包含以下的_____。

A. 基本   B. 直线和曲线   C. 特殊   D. 细微型

40. PowerPoint 中可以影响所有幻灯片效果的，不包含_____。

A. 改变母版   B. 改变动画   C. 改变主题   D. 改变切换

41. PowerPoint 触发器动画除使用鼠标单击对象的方式触发外，还可以使用_____来触发动画。

A. 书签   B. 节   C. 切换   D. 动画刷

42. 在 PowerPoint 中，若要在每张幻灯片的相同位置都显示学校校徽图片，应在_____中进行图片插入操作。

A. 普通视图   B. 幻灯片母版   C. 幻灯片浏览视图   D. 阅读视图

43. 在 PowerPoint 放映过程中，若要中途退出播放状态，可随时按键盘上的_____键。

A. <Esc>   B. <Tab>   C. <Shift>   D. <Ctrl>

44. PowerPoint 中，在_____方式下可以进行幻灯片的放映控制。

A. 普通视图   B. 幻灯片浏览视图

C. 幻灯片放映视图   D. 幻灯片母版视图

45. 在演示文稿中，如果要演示电脑操作过程给大家看，可以使用_____命令，将操作过程提前插入幻灯片中。

A. 动作   B. 屏幕截图   C. 屏幕录   D. 加载项

46. 强制使用演示者视图的组合键是_____。

A．<Alt>+<F5>　　　　　　　　　　　B．<Ctrl>+<F5>

C．<Alt>+<F12>　　　　　　　　　　　D．<Alt>+<Shift>+<F5>

47．在 Word 中，要想给文档插入页眉和页脚，可以从"_____"选项卡的"页眉和页脚"组中进行操作。

A．开始　　　　　　B．布局　　　　　　C．插入　　　　　　D．审阅

48．在 Word 中，如果需要给来自全国各地的参会成员制作一份会议通知，_____操作既简便又快速。

A．邮件合并　　　　B．交叉引用　　　　C．复制粘贴　　　　D．逐个制作

49．在 PowerPoint 浏览视图下，按住<Ctrl>键并拖动某张幻灯片，所完成的操作是_____。

A．移动幻灯片　　　B．复制幻灯片　　　C．删除幻灯片　　　D．隐藏幻灯片

50．在 Word 中，利用"_____"选项卡"显示"组的"标尺"命令，可用来设置"标尺"的显示或隐藏。

A．审阅　　　　　　B．插入　　　　　　C．视图　　　　　　D．编辑

51．在 PowerPoint 中，"背景"设置中的"填充效果"不能处理的效果是_____。

A．图片　　　　　　B．图案　　　　　　C．纹理　　　　　　D．文本和线条

52．PowerPoint 演示文稿中，在"视图"选项卡的"母版视图"组中，不含_____。

A．幻灯片母版　　　B．讲义母版　　　　C．备注母版　　　　D．大纲母版

53．在 Word 中，选定整个文档，可使用组合键_____。

A．<Ctrl>+<A>　　　　　　　　　　　B．<Ctrl>+<Shift>+<A>

C．<Shift>+<A>　　　　　　　　　　　D．<Alt>+<A>

54．在 PowerPoint 中，若要在每张幻灯片的相同位置都显示公司 LOGO 图片，应在_____中进行图片插入操作。

A．幻灯片母版　　　B．普通视图　　　　C．幻灯片浏览视图　　D．阅读视图

55．在 Excel 中，默认的文本排序方式是_____。

A．区位码　　　　　B．序列　　　　　　C．字母　　　　　　D．笔画

56．在 PowerPoint 演示文稿中，选中某段文字设置超链接，不能链接到_____。

A．现有文件或网页　　　　　　　　　　B．文档中的图片

C．电子邮件地址　　　　　　　　　　　D．本文档中的位置

57．在 Word 中，对话框中"确定"按钮的作用是_____。

A．结束程序　　　　　　　　　　　　　B．确认各个选项并开始执行

C．退出对话框　　　　　　　　　　　　D．关闭对话框不做任何动作

58．在 Excel 中，公式"=AVERAGE(12,13,14)"是计算_____。

A．12、13、14 的求和　　　　　　　　B．12、13、14 的平均值

C．12、13、14 的中位数　　　　　　　D．公式出错

59．在演示文稿中，_____不属于动画效果的分类。

A．切换　　　　　　B．进入　　　　　　C．退出　　　　　　D．动作路径

60．Word 文档中对已插入的图片，在默认功能中不能进行的操作是_____。

A．图片转文字　　　B．移动或复制　　　C．放大或缩小　　　D．剪切

61．关于数据透视表，_____说法是错误的。

A．数据透视表是一种交互式的表

B．可以动态地改变它们的版面布置，以便按照不同方式分析数据

C．可以重新安排行标签、列标签和字段值

D．如果原始数据发生更改，就会自动更新数据透视表

62．在 PowerPoint 演示文稿中，用户按＿＿＿＿键可以删除所选择的内容。

A．<F4>　　　　　　B．<Ctrl>　　　　　　C．<Delete>　　　　　　D．<Insert>

63．在 Word 中，设定了制表位后，只需要按＿＿＿＿键，就可以将光标移到下一个制表位上。

A．<Ctrl>　　　　　　B．<Tab>　　　　　　C．<Shift>　　　　　　D．<Alt>

64．利用 Excel "＿＿＿＿＿" 选项卡 "表格" 组中的有关命令可以插入数据透视表。

A．插入　　　　　　B．公式　　　　　　C．数据　　　　　　D．开始

65．在 PowerPoint 2010 中，给幻灯片应用逻辑节，可通过 "开始" 选项卡＿＿＿＿组来实现。

A．段落　　　　　　B．编辑　　　　　　C．绘画　　　　　　D．幻灯片

66．Word 2016 模板文件的扩展名为＿＿＿＿。

A．.doc　　　　　　B．.docx　　　　　　C．.dotx　　　　　　D．.dot

67．在 Word 中，要插入艺术字，可以使用＿＿＿＿。

A．"插入" 选项卡/"文本" 组/"艺术字"　　　　B．"开始" 选项卡/"样式" 组/"艺术字"

C．"开始" 选项卡/"文本" 组/"艺术字"　　　　D．"插入" 选项卡/"插图" 组/"艺术字"

68．＿＿＿＿是 Word 中有关表格的正确描述。

A．可以将文本转换为表格，但表格不能转换成文本

B．文本和表格可以互相转换

C．文本和表格不能互相转换

D．可以将表格转换为文本，但文本不能转换成表格

69．在 Word 中，格式刷是常用的快速设置格式工具，选定有格式的文本后，双击格式刷按钮，可以复制格式＿＿＿＿次。

A．2　　　　　　B．1　　　　　　C．多　　　　　　D．0

70．在 Word 中，段落格式设置不包括＿＿＿＿。

A．页面设置　　　　　　　　　　　　B．缩进和间距

C．制表位　　　　　　　　　　　　D．项目符号和编号

71．使用 Word 编辑文本时，常用选定文本方法不正确的是＿＿＿＿。

A．要选定一个词，可双击该词

B．要选定一行，可单击行左侧的选定区

C．按住<Shift>键拖曳鼠标，可选择非连续文本

D．要选定整个文档，可按<Ctrl>+ <A>键

72．如果 Excel 中某单元格的数值显示为 "###.###"，这表示＿＿＿＿。

A．公式错误　　　　　　B．格式错误　　　　　　C．行高不够　　　　　　D．列宽不够

73．在 Excel 工作表的单元格中输入公式时，应先输入＿＿＿＿号。

A．&　　　　　　B．=　　　　　　C．@　　　　　　D．%

74．在 Excel 中，单元格区域 "A2:B3" 代表的单元格为＿＿＿＿。

A．A1，B3　　　　　　　　　　　B．A2，B2，A3，B3

C．B1，B2，B3　　　　　　　　　D．A1，A2，A3，B3

75. 在 Excel 中，对单元格的引用有多种，被称为绝对引用的是_____。

A. \$A\$1   B. A\$1   C. \$A1   D. A1

76. 在 Excel 中，如果用\$F\$8 来引用工作表中的 F8 单元格内容，则称为_____引用。

A. 绝对   B. 相对   C. 混合   D. 单独

77. 公式 SUM(A2:A5)的作用是_____。

A. 求 A2 到 A5 四个单元格数值型数据之和   B. 求 A 列单元格数据之和

C. 求第 2 行和第 5 行单元格数据之和   D. 求 A2 和 A5 两个单元格数据之和

78. Excel 电子表格以 A1 到 C5 为对角构成的区域，其表示方法是_____。

A. A1:C5   B. C5:A1   C. A1，C5   D. A1+C5

79. Excel 中单元格的地址是由_____来表示的。

A. 列标和行号   B. 列标   C. 行号   D. 任意确定

80. PowerPoint 中关于幻灯片播放的描述，正确的是_____。

A. 可以按任意顺序播放

B. 部分播放时，只能放映相邻连续的幻灯片

C. 只能按幻灯片编号的顺序播放

D. 不能倒回去播放

81. PowerPoint 在默认状态下，按 F5 键后，_____。

A. 从当前幻灯片开始放映   B. 从第一张幻灯片开始放映

C. 从选定的幻灯片开始放映   D. 从任意一张幻灯片开始放映

82. 在 PowerPoint 中，关于幻灯片动画设置，正确的描述是_____。

A. 幻灯片中的每一个对象都只能使用相同的动画效果

B. 各个对象的动画出现顺序是固定的，不能随意修改

C. 每个对象只能设置动画效果，不能设置声音效果

D. 某些动画被设置完后，还可修改动画效果

83. 在 PowerPoint 2016 中，新建演示文稿文件的默认扩展名是_____。

A. .pot   B. .ppt   C. .pptx   D. .potx

84. 在 PowerPoint 中，使用_____选项卡中的"幻灯片母版"命令，可以进入"幻灯片母版"视图。

A. 编辑   B. 工具   C. 视图   D. 格式

85. 在 PowerPoint 中，可利用_____来组织大型幻灯片，以简化其管理和导航。

A. 占位符   B. 节   C. 视图   D. 动画刷

86. 在 PowerPoint 中，通过_____可以在对象之间复制动画效果。

A. 动画刷

B. 格式刷

C. 在"动画"选项卡的"动画"组中进行设置

D. 在"开始"选项卡的"剪贴板"组的"粘贴选项"中进行设置

87. PowerPoint 的超链接可以使幻灯片播放时自由跳转到_____。

A. 某个 Web 页面   B. 演示文稿中某一指定的幻灯片

C. 某个 Office 文档或文件   D. 以上都可以

1.4.2 是非题

1. PowerPoint 中，需要将一个对象的全部动画效果复制到另外一个对象时会用到动画刷。
A. 正确　　　　　　　　B. 错误

2. 在已经建立好的分类汇总列表的基础上，不能继续增加其他字段的分类汇总。
A. 正确　　　　　　　　B. 错误

3. 简单排序是根据数据表中的某一字段进行单一排序。
A. 正确　　　　　　　　B. 错误

4. 在 Excel 中，工作簿、工作表、单元格三者是包含关系。
A. 正确　　　　　　　　B. 错误

5. 在 Excel 中，最小的操作单位是单元区域。
A. 正确　　　　　　　　B. 错误

6. 在 Word 中，一种选定矩形文本块的方法是按住<Ctrl>键的同时用鼠标拖曳。
A. 正确　　　　　　　　B. 错误

7. 在 Word 功能区中按<Alt>键可以显示所有功能区的快捷键提示，按<Esc>键可以退出键盘快捷方式提示状态。
A. 正确　　　　　　　　B. 错误

8. 在 Word 中，利用水平标尺可以设置段落的缩进格式。
A. 正确　　　　　　　　B. 错误

9. 异地用户要同步察看 PowerPoint 文档的放映，需要用到联机演示命令。
A. 正确　　　　　　　　B. 错误

10. 想要创建一个包含演示文稿中的幻灯片和备注的 Word 文档，可以使用创建讲义命令。
A. 正确　　　　　　　　B. 错误

1.5 数字媒体技术基础

1.5.1 单项选择题

1. _____不属于移动互联网技术。
A. 移动通信技术　　　B. 移动终端技术　　　C. 互联网技术　　　　D. 加密技术

2. 汉字从录入计算机中一直到打印输出，至少涉及三种编码，包括汉字输入码、_____和字形码。
A. BCD 码　　　　　　B. ASCII 码　　　　　C. 机内码　　　　　　D. 区位码

3. _____不是数字媒体的输出设备。
A. 绘图仪　　　　　　B. 投影机　　　　　　C. 打印机　　　　　　D. 扫描仪

4. 使计算机具有"说话"的能力，即输出话音，属于_____技术。
A. MIDI　　　　　　　B. 语音合成　　　　　C. 语音识别　　　　　D. 虚拟现实

5. 以下选项中，_____不是数字水印技术的作用。
A. 加快信息传输　　　B. 保护信息安全　　　C. 实现防伪溯源　　　D. 实现版权保护

6．同一幅图像中相邻像素特性具有相关性，这是_____。

A．时间冗余 　　　　B．空间冗余 　　　　C．视觉冗余 　　　　D．信息熵冗余

7．一幅分辨率为1024像素×768像素、颜色深度为24位的真彩色图像在未经压缩时的数据容量为_____KB。

A．1024×768/1024 　　　　　　　　B．1024×768×24/1024

C．1024×768×24/8/1024 　　　　　　D．1024×768×24/8

8．_____不属于扫描仪的主要技术指标。

A．分辨率 　　　　B．色深度及灰度 　　　　C．扫描幅度 　　　　D．厂家品牌

9．根据媒体展示时间属性的不同，数字媒体可分为静止媒体和_____。

A．合成媒体 　　　　B．自然媒体 　　　　C．连续媒体 　　　　D．动态媒体

10．通过像素不同的排列和着色构成的图称为_____。

A．矢量图 　　　　B．位图 　　　　C．二值图 　　　　D．灰阶图

11．_____不属于与数字媒体技术相关的人工智能技术。

A．自动控制 　　　　　　　　B．推荐系统

C．多模态人机交互 　　　　　　D．智能视频检索

12．关于3D打印技术，以下描述错误的是_____。

A．3D打印是一种以数字模型文件为基础，通过逐层打印的方式来构造物体的技术

B．目前，已可以利用3D打印机制造出人的牙齿

C．从20世纪80年代到今天，3D打印技术走过了一条漫长的发展之路

D．在汽车制造行业，已经可以大量直接打印汽车，造价也相当便宜

13．以下不属于连续媒体的是_____。

A．音频 　　　　B．图像 　　　　C．动画 　　　　D．视频

14．以下不是数字媒体类型的是_____。

A．静止媒体 　　　　B．动态媒体 　　　　C．连续媒体 　　　　D．合成媒体

15．关于半角文本比较大小，以下顺序正确的是_____。

A．大写字符<小写字符<阿拉伯数字<控制符<标点符号

B．控制符<标点符号<阿拉伯数字<小写字符<大写字符

C．控制符<标点符号<阿拉伯数字<大写字符<小写字符

D．大写字符<小写字符<阿拉伯数字<标点符号<控制符

16．以下关于汉字编码的说法中，正确的是_____。

A．汉字国标码是实际存储在计算机中表示汉字的编码

B．汉字区位码是实际存储在计算机中表示汉字的编码

C．拼音码属于汉字机内码

D．汉字区位码的每个字节增加20H后变成了国标码

17．以下关于位图的说法，正确的是_____。

A．256色位图需要8位二进制存储一个像素

B．16色位图需要16位二进制存储一个像素

C．表示图像的色彩位数越少，图像质量越好，占的存储空间也越小

D．位图放大时，其像素数量会增加

18．以下叙述错误的是_____。

A．位图图像由数字阵列信息组成，阵列中的各项数字用来描述构成图像的各个像素点的位置和颜色等信息

B．矢量图文件中所记录的指令用于描述构成该图形的所有图元的位置、形状、大小和维数等信息

C．矢量图不会因为放大而出现马赛克现象

D．将位图图像放大显示时，其中像素的数量会相应地增加

19．以下叙述正确的是_____。

A．位图是用一组指令集合来描述图片内容的

B．图像分辨率为 800>600，表示垂直方向有 800 个像素，水平方向有 600 个像素

C．表示图像的色彩位数越少，同样大小的图像所占用的存储空间越小

D．彩色图像的质量是由图像的分辨率决定的

20．采样得到的音频数据需要经过_____后才能进行编码。

A．传输　　　　　　B．压缩　　　　　　C．取样　　　　　　D．量化

21．以下关于声音数字化的说法，正确的是_____。

A．声音数字化时，采样频率越高越好

B．采样得到的数据通常使用 256 位二进制进行量化

C．声音的采样量化指标越大，占的存储空间越大

D．只要采样量化指标足够高，数字化声音还原后可以与原先数字化前的数据完全一样

22．动画产生的原理主要是利用人眼的_____。

A．视觉透视特征　　　　　　　　　　　B．视觉暂留特征

C．视觉漂移特征　　　　　　　　　　　D．视觉后置现象

23．一般来说，_____则声音的质量越高。

A．采样频率越低和量化级数越低　　　　B．采样频率越高和量化级数越高

C．采样频率越高和量化级数越低　　　　D．采样频率越低和量化级数越高

24．以下不属于数字水印作用的是_____。

A．防伪　　　　　　B．美观　　　　　　C．版权保护　　　　D．保护信息安全

25．立体声双声道采样频率为 44.1kHz，量化位数为 8 位，在未经压缩的情况下，1 分钟这样的音乐所需要的存储量可用_____公式计算。

A．44.1×1000×16×2×60/8 字节　　　　B．44.1×1000×8×2×60/16 字节

C．44.1×1000×8×2×60/8 字节　　　　　D．44.1×1000×16×2×60/16 字节

26．一段 3 分钟的音乐，单声道，采样频率为 11.025kHz，量化位数为 16 位，在不压缩时，所需存储量可用_____公式计算。

A．1×11.025×1000×16×3×60/8 字节　　B．2×11.025×1000×16×3×60/8 字节

C．2×11.025×1000×16×2×60/8 字节　　D．1×11.025×16×3×60/8 字节

27．以下不属于衡量数据压缩编码方法优劣指标的是_____。

A．压缩比　　　　　B．解压速度　　　　C．算法复杂度　　　D．是否有损

28．以下属于流媒体技术发展基础的关键技术是_____。

A．数据压缩与解压技术　　　　　　　　B．数据压缩与缓存技术

C．数据传输技术　　　　　　　　　　　D．数据存储技术

29．以下不属于数字媒体输入设备的是_____。

A．投影机   B．鼠标   C．扫描仪   D．数字化仪

30．_____属于视频编辑软件。

A．Premiere   B．MediaPlayer   C．RealPlayer   D．暴风影音

31．_____不是移动互联网的特征。

A．个性化   B．虚拟性   C．私密性   D．融合性

32．_____不是增强现实技术的相关技术。

A．场景融合技术   B．三维建模技术

C．语音识别技术   D．多传感器融合技术

33．关于3D打印技术，错误的是_____。

A．3D打印是一种以数字模型文件为基础，通过逐层打印的方式来构造物体的技术

B．3D打印起源于20世纪80年代，至今不过三四十年的历史

C．3D打印多用于工业领域，尼龙、石膏、金属、塑料等材料均能打印

D．每个3D物品的打印成型往往仅需要几分钟

34．_____不属于数据可视化的作用。

A．数据采集   B．传播交流   C．数据展现   D．数据分析

35．_____标准是静态数字图像数据压缩标准。

A．MPEG   B．PEG   C．JPEG   D．JPG

36．在媒体播放器的窗口中，按"播放"按钮后该按钮变为_____。

A．"倒退"按钮   B．"暂停"按钮

C．反显状态   D．时间显示标志

37．对于声音的描述，正确的是_____。

A．声音是一种与时间无关的连续波形

B．利用计算机录音时，首先要对模拟声波进行编码

C．利用计算机录音时，首先要对模拟声波进行采样

D．数字声音的存储空间大小只与采样频率和量化位数有关

38．_____是关于矢量图形的错误描述。

A．图形是通过算法生成的   B．图形放大或缩小不会变形、变模糊

C．图形基本数据单位是几何图形   D．图形放大或缩小会变形、变模糊

39．扩展名为_____的文件不是计算机中的声音文件。

A．WAV   B．MP3   C．TIF   D．MIDI

40．多媒体文件格式中，采用无损压缩技术的是_____。

A．JPEG   B．MP3   C．GIF   D．MPEG

41．对声音信息进行采样时，为了保证一定的声音质量，采样频率_____。

A．越低越好，可以减少数据量   B．不能自行选择

C．可高一些，使声音的保真度好   D．只能是22.05kHz

42．多媒体计算机在对声音信息进行处理时，必须配置的设备是_____。

A．声卡   B．扫描仪   C．彩色打印机   D．数码相机

43．具有动画功能的图像文件扩展名的是_____。

A．JPG   B．BMP   C．GIF   D．TIF

44. _____不是衡量一种数据压缩技术性能好坏的重要指标。

A．压缩比　　　　　　B．算法复杂度　　　C．压缩前的数据量　　D．数据还原效果

45. _____是衡量数据压缩技术性能好坏的重要指标之一。

A．压缩比　　　　　　B．波特率　　　　　C．比特率　　　　　　D．存储空间

46. _____是有关 GIF 格式的正确描述。

A．GIF 格式只能在 Photoshop 软件中打开使用

B．GIF 采用有损压缩方式

C．GIF 格式的压缩比例一般在 50％

D．GIF 格式最多能显示 24 位的色彩

47. 在计算机中，24 位真彩色能表示多达_____种颜色。

A．24　　　　　　　　B．2400　　　　　　C．10 的 24 次方　　　D．2 的 24 次方

48. 位图文件的扩展名为_____。

A．TIFF　　　　　　　B．PCX　　　　　　C．PSD　　　　　　　D．BMP

49. A/D 转换器的功能是将_____。

A．声音转换为模拟量　　　　　　　　　B．模拟量转换为数字量

C．数字量转换为模拟量　　　　　　　　D．数字量和模拟量混合处理

1.5.2　是非题

1. 在进行 3D 打印之前，需要将自己设想的物品先在计算机中进行三维建模。

A．正确　　　　　　　B．错误

2. 数字媒体是指以二进制的形式获取、记录、处理和传播信息的载体。

A．正确　　　　　　　B．错误

3. 移动互联网将计算机技术和互联网技术二者结合为一体。

A．正确　　　　　　　B．错误

4. 数据可视化是指将一些抽象的数据以图形图像的方式来表示，并利用数据分析和开发工具发现其中未知信息的处理过程。

A．正确　　　　　　　B．错误

5. 能借助内存空间来扩大硬盘的操作系统技术是虚拟内存技术。

A．正确　　　　　　　B．错误

6. 自媒体属于移动互联网应用。

A．正确　　　　　　　B．错误

7. 将各种数字媒体的处理分布在网络不同地方进行渲染的技术属于多媒体云计算技术。

A．正确　　　　　　　B．错误

8. 通过计算机技术将虚拟的信息应用到真实世界的技术被称为虚拟现实技术。

A．正确　　　　　　　B．错误

9. 数字化后的多媒体数据中存在着大量的冗余数据，图像画面在空间上存在大量相同的色彩信息，被称为空间冗余。

A．正确　　　　　　　B．错误

10. 图形也被称为位图，是指由计算机绘制的直线、圆、矩形、曲线、图表等。

A. 正确 B. 错误

1.6 数字声音

1.6.1 单项选择题

1. 录音前，在调节声音设置时，无法通过_____获得增强录制效果。

A. 噪声消除 B. 按键声压制 C. 拾音束形成 D. 回声消除

2. 虚拟变声除了可以创建多种语音角色，还可以对一些参数进行调节，添加背景音来烘托气氛和营造环境，但不能更改_____。

A. 音调 B. 音色 C. 均衡 D. 合成音效

3. 帮助有视觉障碍的人阅读计算机上的文字信息，主要使用了_____技术。

A. 语音识别 B. 自然语言理解 C. 增强现实 D. 语音合成

4. 声音具有三个要素：音调、_____、音色。

A. 音强 B. 音效 C. 频率 D. 波形

5. 影响数字音频质量的主要因素有三个，除_____之外。

A. 声道数 B. 振幅 C. 采样频率 D. 量化精度

6. 音频压缩编码分为无损压缩和有损压缩两种，属于无损压缩编码的是_____。

A. 波形编码 B. 参数编码 C. 熵编码 D. 感知编码

7. Huffman 编码、脉码调制、线性预测编码、行程编码都是常用的音频压缩编码方案，这四种编码中有_____种属于无损压缩编码。

A. 1 B. 2 C. 3 D. 4

8. MP3 文件格式_____。

A. 是一种图形文件的压缩标准 B. 采用的是无损压缩技术

C. 是一种视频文件的压缩格式 D. 是一种音频文件的压缩格式

9. 根据多媒体计算机产生数字音频方式的不同，可将数字音频划分为除_____之外的三类。

A. 波形音频 B. MIDI 音频 C. 流式音频 D. CD 音频

10. 录制立体声混音可以获取_____的声音。

A. 麦克风 B. 数字乐器 C. 左声道和右声道 D. 以上全部

11. 以下软件中，不能用来获取视频中声音的是_____。

A. 格式工厂 B. Hyper Snap C. Adobe Audition D. Adobe Premiere

12. 用于调整各频段信号的增益值，对声音进行有针对性优化的音效处理方法是_____。

A. 均衡 B. 回声 C. 压限 D. 延迟

13. 语音识别技术是让机器能够"听懂"人类的语音，将其转化为可读的_____信息。

A. 视频 B. 图像 C. 声音 D. 文字

14. _____是指在声音文件中增加一段指定时间长度的空白内容。

A. 删除选中声音 B. 插入静音 C. 添加空白声波 D. 增加效果

15．语音识别系统主要包含特征提取、_____、语言模型及字典与解码四大部分。

A．预处理　　　　　B．概率计算　　　　　C．声学模型　　　　　D．识别词组

16．语音识别技术与_____及语音合成技术相结合，可以实现语音到语音的翻译。

A．语音检索　　　　B．特征分析　　　　　C．语音库　　　　　　D．机器翻译

17．多媒体计算机在录音时，必须配置的设备是_____。

A．扫描仪　　　　　B．打印机　　　　　　C．麦克风　　　　　　D．数码相机

18．下列从视频中获取声音的方法中，_____是不正确的。

A．Adobe Audition　　　　　　　　　　B．录制立体声混音

C．格式工厂　　　　　　　　　　　　　D．Adobe Animate

19．下面关于声音的描述，错误的是_____。

A．声音有音调、音强和音色三个要素。

B．音调与声音的频率有关，频率越快，音调越低。

C．音强又称为响度，取决于声音的振幅。

D．声音有振幅、周期和频率三个重要的物理量。

20．神经网络的重新兴起，带来了_____的突破。

A．语音识别技术　　B．5G　　　　　　　C．区块链　　　　　　D．大数据

1.6.2　是非题

1．在计算机中，电子音乐被称为 MIDI 音乐，MIDI 是一种数字乐器接口标准。文件存储采用声音波形方式。

A．正确　　　　　　B．错误

2．虚拟变声主要通过调节音量、音色及添加音效来实现。

A．正确　　　　　　B．错误

3．运用语音合成技术能帮助有听觉障碍的人阅读计算机上的文字信息。

A．正确　　　　　　B．错误

4．人的听觉范围大约为 20Hz 到 200Hz，数字媒体技术主要研究这部分音频信息的使用。

A．正确　　　　　　B．错误

5．音频数据压缩编码方法中的 Huffman 编码属于无损压缩。

A．正确　　　　　　B．错误

6．常见的音频文件格式有 WAV、MID、MP4 和 WMA 等。

A．正确　　　　　　B．错误

7．在计算机中，电子音乐被称为 MIDI 音乐，MIDI 是一种数字乐器接口标准。

A．正确　　　　　　B．错误

8．语音识别技术也被称为自动语音识别，它的目标是将人类的语音数据转化为可读的文字信息。

A．正确　　　　　　B．错误

1.7 数字图像

1.7.1 单项选择题

1. Photoshop 的套索工具组中，不包含_____。

A．套索工具   B．磁性套索工具

C．矩形套索工具   D．多边形套索工具

2. 在 RGB 模型的图像中，白色所对应的红、绿、蓝颜色分量值分别为_____。

A．255,255,255   B．255,255,0   C．255,0,0   D．0,0,0

3. Photoshop 图像处理软件的专用文件格式扩展名是_____。

A．.PNG   B．.PSD   C．.EPS   D．.JPEG

4. _____不属于计算机图像识别技术。

A．用数学模型将图像轮廓提取出来   B．人工用文字对图像进行标注

C．机器学习后自动分类   D．用数据模型将图像颜色提取出来

5. 在 Photoshop 中，使用椭圆选框工具时，按住<_____>键可创建正圆选区。

A．Shift   B．Alt   C．Ctrl   D．Caps

6. 以下_____不是图像文件格式。

A．GIF   B．BMP   C．WAV   D．JPEG

7. 以下不属于扫描仪应用领域的是_____。

A．扫描图像   B．光学字符识别（OCR）

C．生成任意物体的 3D 模型   D．图像处理

8. 以下叙述正确的是_____。

A．图形属于图像的一种，是计算机绘制的画面

B．经扫描仪输入计算机后，可以得到由像素组成的图像

C．经摄像机输入计算机后，可转换成由像素组成的图形

D．图像经数字压缩处理后可得到图形

9. _____不属于图像加工工具。

A．画图   B．格式工厂   C．Photoshop   D．金山画王

10. _____不是数字图像文件格式。

A．GIF   B．WMF   C．WMA   D．BMP

11. 有一类图像是由像素组成的，通过不同的排列和着色以构成图样，故也称为_____。

A．矢量图形   B．位图图像   C．二值图像   D．灰阶图像

12. 使用 Photoshop 魔棒工具选择图像时，在"容差"参数框中输入_____时，选择范围相对最大。

A．10   B．20   C．30   D．40

13. 滤镜是 Photoshop 的一种特效工具，但_____不是常规滤镜组中的选项。

A．风格化   B．模糊   C．视频   D．变亮

14. 以下不属于人工智能方法进行图像识别中预处理技术范畴的是_____。

A. 特征提取　　　　B. 图像的灰度化　　　C. 几何变换　　　　D. 图像增强

15. 以下属于图像识别与检索的关键技术的是_____。

A. 数据压缩　　　　B. 特征提取　　　　　C. 文字标注　　　　D. 色彩提取

16. 以下关于图像识别的应用，说法错误的是_____。

A. 图像识别可以用于图像检索　　　　　　B. 图像识别可以用于图像处理

C. 图像识别可以用于安全防范　　　　　　D. 图像识别可以用于自动驾驶

17. 图像和视频能进行压缩，在于图像和视频中存在大量的_____。

A. 冗余　　　　　　B. 相似性　　　　　　C. 平滑区　　　　　D. 边缘区

18. 人类对图像的分辨能力约为26灰度等级，而图像量化一般采用28灰度等级，超出人类对图像的分辨能力，这种冗余属于_____。

A. 结构冗余　　　　B. 视觉冗余　　　　　C. 时间冗余　　　　D. 空间冗余

19. _____设备不能获取数字图像。

A. 视频捕捉卡　　　B. 数码相机　　　　　C. 显示器　　　　　D. 扫描仪

20. BMP是bitmap的缩写，即位图文件。这是一种与设备无关、格式最原始和最通用的_____文件，但其存储量极大。

A. 音频文件　　　　B. 静态图像　　　　　C. 视频文件　　　　D. 动态图像

21. 关于GIF格式的描述，正确的是_____。

A. GIF可用于存储矢量图　　　　　　　　B. GIF能够表现512种颜色

C. GIF能存储动画　　　　　　　　　　　D. GIF是一种有损压缩格式

22. 以下选项中，关于滤镜特效描述错误的是_____。

A. 滤镜以特定的方式使像素的位置、数量和颜色发生变化

B. Photoshop提供了风格化、模糊、扭曲等滤镜效果

C. Illustrator等矢量绘图软件支持滤镜效果

D. Photoshop中，同一个图层只能添加一种滤镜

23. 以下叙述中正确的是_____。

A. 位图是用一组指令集合来描述图片内容的

B. 图像分辨率为640像素×480像素，表示垂直方向有640个像素，水平方向有480个像素

C. 表示图像的色彩位数越少，同样大小的图像所占用的存储空间越小

D. 彩色图像的质量是由图像的分辨率决定的

24. 关于Photoshop中背景层的说法，以下描述正确的是_____。

A. 可移动背景层的位置　　　　　　　　　B. 可编辑其中内容

C. 可设置透明度　　　　　　　　　　　　D. 可改变大小

25. 关于BMP图像格式，描述错误的是_____。

A. 图像由像素构成　　　　　　　　　　　B. 图像不是矢量图

C. 图像放大后不会失真　　　　　　　　　D. 可以保存通过扫描仪获得的内容

26. 关于矢量图形的概念，描述错误的是_____。

A. 图形是通过算法生成的　　　　　　　　B. 图形放大不会变形

C. 图形基本数据单位是几何图形　　　　　D. 图形缩小会变模糊

27. 关于 JPEG 图像格式，描述正确的是＿＿＿。

A．JPEG 是一种无损压缩格式　　　　　B．JPEG 的压缩级别不能调整

C．JPEG 可以存储动画　　　　　　　　D．JPEG 不支持多个图层

1.7.2　是非题

1. 在 Photoshop 中，文字工具有一般文字和蒙版文字两类，蒙版文字与一般文字一样，输入提交后就形成文字层。

A．正确　　　　　　　　B．错误

2. 利用支付宝刷脸支付，这属于图像识别应用中的人脸识别。

A．正确　　　　　　　　B．错误

3. 多媒体计算机获取图像的方法有使用数码相机、屏幕截图、数码摄像机、数码摄像头、视频捕捉卡，以及直接在计算机上绘图等。

A．正确　　　　　　　　B．错误

4. 将一幅图片放大到一定倍数后出现马赛克现象，则该图片为矢量图。

A．正确　　　　　　　　B．错误

5. 在屏幕上显示的图像通常有两种描述方法：一种称为点阵图像，另一种称为矢量图形。

A．正确　　　　　　　　B．错误

6. 表示图像的色彩位数越多，则同样大小的图像所占的存储空间越小。

A．正确　　　　　　　　B．错误

7. Windows 中基本位图文件的扩展名为 JPG。

A．正确　　　　　　　　B．错误

8. 图形或图像可以有多种不同的格式进行存储，如 BMP、JPEG、WMA 等都是比较常用的图形、图像文件格式。

A．正确　　　　　　　　B．错误

9. Photoshop 中的魔棒工具用于选择颜色相近的区域，可根据工具选项栏中的容差参数设置颜色值的差别程度。

A．正确　　　　　　　　B．错误

10. 将一幅图片放大到一定倍数后出现马赛克现象，则该图片属于图形类别。

A．正确　　　　　　　　B．错误

1.8　动画基础

1.8.1　单项选择题

1. 真实感三维动画不包括＿＿＿。

A．虚拟现实　　　　B．增强现实　　　　C．3D 打印　　　　D．3D 电影

2. ＿＿＿软件不能用来制作二维动画。

A．Flash　　　　　　B．Animate　　　　C．Audition　　　　D．Photoshop CC

3．以下属于动画制作软件的是_____。

A．Photoshop　　　　B．Ulead Audio Editor　C．Flash　　　　　D．Dreamweaver

4．_____是 Flash 的标准脚本语言。

A．C 语言　　　　　B．Java　　　　　C．VB　　　　　D．ActionScript

5．以下_____不是 Flash 的特色。

A．简单易用　　　　B．基于矢量图形　　C．基于位图图像　　D．流式传输

6．Flash（Animate）源文件和影片文件的扩展名分别为_____。

A．.FLA、.FLV　　　B．.FLA、.SWF　　　C．.FLV、.SWF　　D．.DOC、.GIF

7．_____是 Flash 导出影片的默认格式。

A．SWF　　　　　B．GIF　　　　　C．MPEG　　　　D．3DS

8．在 Flash 中，使用"文档设置"对话框不能更改的属性是_____。

A．舞台大小　　　　B．帧速率　　　　C．显示比例　　　　D．背景颜色

9．在 Flash（Animate）中，制作文本对象的补间形状动画，需要对文本对象分离_____次。

A．1　　　　　　　B．2　　　　　　C．3　　　　　　D．不确定

10．在 Flash（Animate）中，要调整动画播放速度，可以通过设置_____参数实现。

A．帧频　　　　　B．时间轴　　　　C．图层　　　　　D．帧

11．在 Flash（Animate）中，时间轴上用实心小圆点表示的帧是_____。

A．普通帧　　　　B．关键帧　　　　C．空白关键帧　　　D．过渡帧

12．Flash（Animate）中，在元件编辑状态下对元件的修改将_____该元件所有的实例。

A．不影响　　　　B．影响　　　　C．有时影响　　　　D．有时不影响

13．在 Flash（Animate）中，使用任意变形工具不可以对舞台上的组合对象实施_____变形。

A．倾斜　　　　　B．封套　　　　　C．缩放　　　　　D．旋转

14．在 Flash（Animate）中，用文本工具制作的文字为_____对象。

A．位图　　　　　B．图像　　　　　C．非矢量　　　　D．矢量

1.8.2　是非题

1．动画的形成利用了人眼的视觉暂留特征。

A．正确　　　　　B．错误

2．目前研究的动画产生理论已不仅限于视觉暂留特征这一简单的解释，更进一步研究画面和色彩变化使人脑产生运动幻觉，这才是动画产生的真正原因。

A．正确　　　　　B．错误

3．从动画的视觉效果来看，计算机动画可分为产生平面动态图形效果的二维动画和具有立体效果的真实模拟动画。

A．正确　　　　　B．错误

4．设置帧频就是设置动画的播放速度，帧频越大，播放速度越慢。

A．正确　　　　　B．错误

5．在 Flash（Animate）中，将图形转换为元件的是"F6"键。

A．正确　　　　　B．错误

6. 在 Flash（Animate）中，将一个元件拖曳到舞台上，这个实例就变成了元件。

A. 正确　　　　　　B. 错误

7. 3ds Max 是由美国 Autodesk 公司开发的二维动画制作软件，主要用于模拟自然界、产品设计、建筑设计、影视动画制作、游戏开发、虚拟现实技术等领域。

A. 正确　　　　　　B. 错误

8. 在 Flash（Animate）中，要用传统补间制作一段 Flash 动画，则至少要创建两个关键帧。

A. 正确　　　　　　B. 错误

9. Flash（Animate）中的元件可以分为图形元件、按钮元件、影片剪辑元件三种。

A. 正确　　　　　　B. 错误

10. Flash（Animate）补间分为 3 种：补间动画、补间形状和传统补间。

A. 正确　　　　　　B. 错误

1.9 视频处理基础

1.9.1 单项选择题

1. 下列关于数字视频的说法，错误的是_____。

A. 数字视频可以利用视频采集卡获取

B. Adobe Audition 是一款数字视频编辑软件

C. 视频分辨率是指对每帧图像在水平和垂直方向进行像素划分

D. 数字视频文件的存储格式取决于视频的压缩编码方式

2. _____是在计算机技术的支持下，使用合适的编辑软件，对数字视频素材在"时间线"上进行任意修改、剪接、渲染、特效等处理。

A. 插入编辑　　　B. 组合编辑　　　C. 线性编辑　　　D. 非线性编辑

3. 在视频剪辑时，通过添加_____，可以实现两段视频画面间的自然过渡。

A. 滤镜特效　　　B. 转场特效　　　C. 抠图特效　　　D. 马赛克特效

4. _____文件格式属于视频影像文件。

A. MP4　　　　　B. MP3　　　　　C. MID　　　　　D. WMA

5. 关于数字视频，以下描述错误的是_____。

A. 可以通过摄像机进行数字视频的捕捉

B. 数字视频采用模拟数据的形式记录视频信息

C. 数字视频可以采用不同的格式进行存储

D. 模拟视频一般采用分量数字化方式进行数字化

6. _____文件不是视频影像文件格式。

A. MOV　　　　　B. AVI　　　　　C. JPG　　　　　D. MPG

7. 视频卡的功能是对视频信号进行_____。

A. A/D 转换　　　B. D/A 转换　　　C. 播放　　　　　D. 采集

8. "数字电视"是指在电视信号的_____过程中使用数字信号的电视系统。

A. 采编、压缩、传输和接收　　　　　B. 传输、发射、接收和采集

C．采编、传输、发射和反馈　　　　　　　D．采编、发射、接收和传递

9．模拟视频信号转数字视频信号的过程称为_____转换。

A．A/D　　　　　　　B．D/A　　　　　　　C．M/S　　　　　　　D．S/M

10．使用_____设备可以获得数字视频。

A．手机　　　　　　　B．DV 机　　　　　　C．3D 摄像机　　　　D．以上都可以

11．视频采集卡的作用是_____。

A．用于采集和传输视频信息

B．用于记录和传输视频信息

C．将视频输入端的模拟信号转换成数字信号

D．将视频输入端的数字信号转换成模拟信号

12．一般视频编辑软件中，编辑时的最小单位是_____。

A．帧　　　　　　　　B．秒　　　　　　　　C．毫秒　　　　　　　D．分钟

13．将视频信息存储在网络服务器上，供用户通过客户端点播，被称为_____。

A．网络直播　　　　　B．网络电话　　　　　C．视频点播　　　　　D．视频会议

14．_____标准是用于视频影像和高保真声音的数据压缩标准。

A．MPEG　　　　　　B．PEG　　　　　　　C．JPEG　　　　　　　D．JPG

15．_____编码不是视频编码标准。

A．MPEG-1　　　　　B．MPEG-2　　　　　C．MPEG-3　　　　　D．MPEG-4

16．下列编码标准中，_____是视频编码标准。

A．H.263　　　　　　B．H.264　　　　　　C．H.265　　　　　　D．以上都是

17．DVD 系统是基于_____编码标准研制的。

A．MPEG-1　　　　　B．MPEG-2　　　　　C．MPEG-3　　　　　D．MPEG-4

18．下列文件格式中，_____格式的文件不属于流式视频文件。

A．MP4　　　　　　　B．RM　　　　　　　C．JPEG　　　　　　　D．3GP

19．格式工厂是一款_____。

A．文本处理软件　　　　　　　　　　　　　B．图像处理软件

C．数据库软件　　　　　　　　　　　　　　D．多媒体格式转换软件

20．在 Windows 10 中，Windows Media Player 媒体播放器支持的视频格式为_____。

A．AVI　　　　　　　B．ZIP　　　　　　　C．TIF　　　　　　　D．PCX

21．_____视频编辑工具最适合视频后期合成。

A．Dreamweaver　　　B．Photoshop　　　　C．After Effects　　　D．KMPlayer

22．在视频节目制作过程中，通过_____可以任意组接镜头的顺序。

A．插入编辑　　　　　B．组合编辑　　　　　C．线性编辑　　　　　D．非线性编辑

23．使用_____工具软件可以对数字视频进行编辑制作。

A．Windows Movie Maker　　　　　　　　　B．Adobe Premiere

C．Ulead Video Edit　　　　　　　　　　　D．以上都可以

24．在视频剪辑时，可以通过_____特效将隐私的画面信息模糊处理。

A．抠图　　　　　　　B．马赛克　　　　　　C．键控　　　　　　　D．扭

25．使用"快剪辑"视频编辑软件时，_____不是最基本的视频编辑方法。

A．裁剪　　　　　　　B．标记　　　　　　　C．马赛克　　　　　　D．复制

1.9.2　是非题

1．非线性编辑是指在计算机技术的支持下，充分利用合适的编辑软件，对视频素材在时间线上进行修改、拼接、渲染和特效等处理。

A．正确　　　　　　　　B．错误

2．数字视频文件格式很多，压缩编码方式各不相同，不同的文件格式需要相应的解码器进行解码播放。

A．正确　　　　　　　　B．错误

3．流畅的视频效果是依据人眼的视觉残留特性产生的，当每秒有 24 幅图像连续播放时，人眼看到的就是连续变化的视频。

A．正确　　　　　　　　B．错误

4．连续播放的视频中包含了大量的图像序列，相邻图像序列有着较大的相关性，内容差异细微，存在大量的重复信息。这种冗余被称为空间冗余。

A．正确　　　　　　　　B．错误

5．人类视觉系统的分辨能力一般为 26 个灰度等级，而一般图像量化采用的是 28 个灰度等级，这种冗余就称为时间冗余。

A．正确　　　　　　　　B．错误

6．MPEG 编码标准包括 MPEG 视频、MPEG 音频、视频音频同步三大部分。

A．正确　　　　　　　　B．错误

7．数字视频格式一般分为影像格式和流视频格式。

A．正确　　　　　　　　B．错误

1.10　数字媒体的集成与应用

1.10.1　单项选择题

1．在 Dreamweaver 中，为了让具有超级链接功能的网页在新窗口中打开，可以将该超级链接的目标设置为_____。

A．_bottom　　　　　B．_blank　　　　　C．_self　　　　　D．_top

2．在 Dreamweaver 中插入表格时，可以采用_____为单位来设置表格的宽度。

A．百分比　　　　　B．厘米　　　　　C．毫米　　　　　D．微米

3．在 HTML 中，用于定义水平线的标记是_____。

A．<title> </title>　　　B．<p> </p>　　　C．<img src="">　　　D．<hr />

4．在 Dreamweaver 中，下列_____不是常用的视图选项。

A．代码　　　　　B．设计　　　　　C．拆分　　　　　D．平铺

5．以下除_____之外都是互联网上可供使用的 HTML5 页面制作平台。

A．秀米　　　　　B．MAKA　　　　　C．iH5　　　　　D．创客贴

6. 在 HTML 中，用于定义表格的标记是_____。

A．<title> </title>　　　　　　　　　　B．<p> </p>

C．<img src="">　　　　　　　　　　D．<table> </table>

7. 在 HTML 中，用于定义网页标题的标记是_____。

A．<title> </title>　　　　　　　　　　B．<p> </p>

C．<img src="">　　　　　　　　　　D．<table> </table>

8. 网页制作流程包括_____。

A．网站的结构设计

B．资料的收集与整理

C．网页的制作及效果测试、网页上传、更新维护

D．以上都是

9. 静态网页是用_____语言编写，被 Web 浏览器翻译成为可以显示出来的集文本、超链接、图片、声音、动画和视频等信息元素为一体的页面文件。

A．Python　　　　　　B．HTML　　　　　　C．VBScript　　　　　　D．JAVA

10. 在 HTML 中，用于定义图像的标记是_____。

A．<title> </title>　　　　　　　　　　B．<p> </p>

C．<img src="">　　　　　　　　　　D．<table> </table>

11. 以下不属于 HTML 文档内容的是_____。

A．带<>的标记　　　　　　　　　　B．网页上显示的文字

C．网页上的图片　　　　　　　　　　D．图片属性（如大小）

12. 以下关于站点的叙述，错误的是_____。

A．站点创建之后只能存储文件

B．站点对应着一个文件夹

C．站点创建之后，可以在里面添加文件夹

D．使用站点可以方便地管理各种数字媒体文件

13. 主页是用户访问网站的入口，其文件名通常是_____，以便能使服务器默认优先显示。

A．shouye.html　　　　　　　　　　B．index.html 或 default.html

C．zhuye.html　　　　　　　　　　D．homepage.html

14. 在 Dreamweaver 中，_____不是网页布局通常使用的方法或工具。

A．框架　　　　　　B．层　　　　　　C．表单　　　　　　D．表格

15. 以下为表格单元格标记的是_____。

A．<tr>　　　　　　B．<colspan>　　　　　　C．<td>　　　　　　D．<tbody>

16. 以下 HTML 标记中，只有单个标记的是_____。

A．<p>　　　　　　B．
　　　　　　C．<h1>　　　　　　D．<table>

17. _____不是网页文件的扩展名。

A．.HTM　　　　　　B．.HTML　　　　　　C．.TXT　　　　　　D．.ASP

18. 在表格中合并同一列中的若干单元格后，以下属性数值变成 1 以上的是_____。

A．tr　　　　　　B．td　　　　　　C．colspan　　　　　　D．rowspan

19. 以下用于指定网页中多媒体元素实际存储位置属性的是_____。

A．href　　　　　　B．Rhef　　　　　　C．Rsc　　　　　　D．src

20. 在 Dreamweaver 中，表格的宽度可以被设置为 100%，表示_____。

A. 表格的宽度为 100mm

B. 表格的宽度为 100 像素

C. 表格的宽度是固定不变的

D. 表格的宽度会随着浏览器窗口大小变化而自动调整

21. 在 Dreamweaver 中，合并单元格操作要求必须是_____的单元格。

A. 大小相同　　　　B. 相邻　　　　C. 颜色相同　　　　D. 同一行

22. 在 Dreamweaver 中，超级链接主要是指文本链接、图像链接和_____。

A. 锚记链接　　　　B. 点链接　　　　C. 热点链接　　　　D. 标签链接

23. 以下不属于微信公众号的类型是_____。

A. 服务号　　　　B. 个人号　　　　C. 企业微信　　　　D. 订阅号

24. 以下关于微信小程序的说法，正确的是_____。

A. 微信小程序属于微信公众号

B. 微信小程序的制作一定要登录微信，并通过 WXML 代码实现

C. 微信小程序的开发技术是 WXML+ WXSS+ JS

D. WXML 相当于 CSS

25. 以下不属于使用平台方式制作跨平台媒体的是_____。

A. iH5　　　　B. Dreamweaver　　　　C. PP 匠　　　　D. MAKA

26. 以下不能直接生成二维码的是_____。

A. Dreamweaver　　　　B. 百度网盘　　　　C. PP 匠　　　　D. 微信小程序

27. 在 Dreamweaver 中，超级链接主要是指文本链接、_____和锚记链接。

A. 图像链接　　　　B. 点链接　　　　C. 热点链接　　　　D. 标签链接

28. HTML 是_____的缩写。

A. 超文本标记语言　　　　　　　　B. 电子公告板

C. 文件传输协议　　　　　　　　　D. Internet 协议

29. 在网页的表单中允许用户从一组选项中选择多个选项的表单对象是_____。

A. 单选按钮　　　　B. 菜单　　　　C. 复选框　　　　D. 单选按钮组

30. 网页制作流程不包括_____。

A. 结构设计　　　　B. 网页制作　　　　C. 申请域名　　　　D. 发布上传

31. 一个网站可以通过_____将很多的网页链接在一起。

A. 文字　　　　B. 超链接　　　　C. 超媒体　　　　D. 图像

32. 为标识一个 HTML 文件应该使用的 HTML 标记是_____。

A. 〈tr〉〈/tr〉　　　　　　　　　　B. 〈body〉〈/body〉

C. 〈html〉〈/html〉　　　　　　　　D. 〈table〉〈/table〉

33. 关于网页和网站的描述，正确的是_____。

A. 网页和网站是同一概念　　　　　B. 网站中可包含多个网页

C. 网页和网站是两个没有联系的概念　　　D. 在网页中进行网站的设置

34. 在 HTML 中，标记〈title〉〈/title〉的作用是_____。

A. 预排版标记　　　　　　　　　　B. 定义网页标题

C. 转行标记　　　　　　　　　　　D. 文字效果标记

35. 单击_____可以选中表单虚线框。

A. 〈table〉　　　　B. 〈td〉　　　　C. 〈img〉　　　　D. 〈form〉

36. 鼠标经过图像包括以下_____对象。

A. 主图像和原始图像　　　　　　　　B. 原始图像和鼠标经过图像

C. 次图像和鼠标经过图像　　　　　　D. 主图像和次图像

37. 按_____快捷键，即可打开默认浏览器，浏览网页。

A. <F4>　　　　B. <F12>　　　　C. <Ctrl>+<V>　　　　D. <Alt>+<F12>

38. _____不是 Dreamweaver 提供的热点创建工具。

A. 矩形热点　　　　B. 圆形热点　　　　C. 多边形热点　　　　D. 指针热点

39. 可以不用发布就能在本地计算机上浏览的页面编写语言是_____。

A. ASP　　　　B. PHP　　　　C. HTML　　　　D. JSP

40. "项目列表"功能作用的对象是_____。

A. 单个文本　　　　B. 段落　　　　C. 字符　　　　D. 图片

41. 定义 HTML 文件主体部分的标记对是_____。

A. 〈table〉……〈/table〉　　　　　　B. 〈img〉……〈/img〉

C. 〈title〉……〈/title〉　　　　　　D. 〈body〉……〈/body〉

42. 对"网页背景"叙述错误的是_____。

A. 网页背景的作用是在页面中为主要内容提供陪衬

B. 背景与主要内容搭配不当将影响到整体的美观

C. 背景图像的恰当运作不会妨碍页面的表达内容

D. 不能使用图片作为网页背景

1.10.2　是非题

1. 超文本标记语言的英文简称是 HTML。

A. 正确　　　　B. 错误

2. 在 Dreamweaver 中制作网页时，为了方便移动、复制和发布网页中的各种多媒体元素，可以先创建站点。

A. 正确　　　　B. 错误

3. 在网页设计中，可以使用像素和百分比两种单位设置表格的宽度。

A. 正确　　　　B. 错误

4. 表单是用户向 Web 服务器提交信息的工具，是用户与网页交流的窗口。

A. 正确　　　　B. 错误

5. 互联网上的网页是通过超文本标记语言，将文本和各种数字媒体集成在浏览器上的，该语言通常被简称为 HTML。

A. 正确　　　　B. 错误

6. <title>对标记会出现在<body> 对标记内。

A. 正确　　　　B. 错误

7. 网页中的图片是通过<image>标记的属性设置其链接的。

A. 正确　　　　B. 错误

8．在 HTML5 中引入了表示页脚的<footer>标记。

A．正确　　　　　　B．错误

9．在 HTML 文档中插入图像，其实只是写入一个图像的链接，而不是真的把图像插入文档中。

A．正确　　　　　　B．错误

10．在网页设计中，可以使用像素和磅两种单位设置表格的宽度。

A．正确　　　　　　B．错误

第 *2* 章

文件管理和网络应用基础

➡ 知识点

1. 文件和文件夹的操作
- 创建各种指定类型的文件。
- 文件的基本操作（创建、重命名、复制、移动、剪切、删除）。
- 文件夹的基本操作（创建、重命名、复制、移动、剪切、删除）。
- 文件和文件夹的属性设置（只读、隐藏等）。
2. 创建快捷方式
- 创建盘符和文件夹、应用程序、网址的快捷方式。
- 设置快捷方式的属性。
3. 创建文本文件并添加文本内容或查找替换指定内容
4. 相关应用程序运行结果或对话框截屏
- 按 Print Screen/SysRq 键，可以截取当前屏幕。
- 按 Alt + PrintScreen 组合键，可以截取当前活动窗口。
5. 搜索文件并保存搜索文件（通配符）
6. 文件或文件夹压缩与解压缩的操作
7. 添加打印机，打印测试页或者某个素材
8. 网页保存为 PDF 格式
9. 网页中图片保存
10. ipconfig 命令
11. ping 命令

2.1 操作实训

实训1 文件操作及查找替换

【题目】

在 C:\KS 文件夹中新建文件夹 AA 和 AB。在 C:\KS 下创建一个文本文件，文件名为 LX.txt，内容为"计算机练习"。查找系统文件夹 C:\Windows 中名为 Win.ini 的配置文件，复制该文件到 C:\KS 文件夹，并把该文本文件内容中所有的字母"o"改成字母"Q"并以新文件名 NEW.txt 保存到 C:\KS 文件夹，并设置其属性为只读。

【操作步骤】

（1）双击桌面"此电脑"图标，双击打开 C 盘，在空白处右击鼠标，在快捷菜单中选择"新建/文件夹"命令，命名为 KS。用同样的方法在 KS 文件夹下新建 AA、AB 两个文件夹。

（2）双击打开 KS 文件夹，在空白处右击鼠标，选择"新建/文本文档"命令，将文件名命名为 LX.txt。双击打开 LX.txt 文档，输入文字"计算机练习"后保存关闭 LX.txt 文件。

（3）双击 C 盘下的 Windows 文件夹，在右上角搜索框中输入"Win.ini"后单击"搜索"按钮，在搜索框中选中搜索到的文件"Win.ini"后右击，在右键快捷菜单中选择"复制"命令。

（4）双击打开 KS 文件夹，空白处右击鼠标，在快捷菜单中选择"粘贴"命令。

（5）双击打开文件 WIN.ini，选择"编辑/替换"命令，弹出"替换"对话框，在"查找内容"文本框中输入"o"，在"替换为"文本框中输入"Q"，然后单击"全部替换"按钮后关闭对话框，选择"文件/另保存"命令，将文件名设置为新名称"NEW.txt"。

（6）右击 NEW.txt 文件并选择"属性"菜单选按钮，在弹出的对话框中选择"常规"选项卡，在属性中勾选"只读"复选框，单击"确定"按钮。

实训2 创建快捷方式及设置快捷方式的属性

【题目】

在 C:\KS 文件夹中创建一个名为 KJ 的快捷方式：该快捷方式指向 C:\Windows 文件夹，快捷键为<Ctrl>+<Shift>+<L>。在 C:\KS 文件夹中创建一个名为 WY 的快捷方式：该快捷方式指向 http://www.baidu.com/，快捷键为<Ctrl>+<Alt>+<F>。在 C:\KS 文件夹中创建一个名为"写字板"的快捷方式：该快捷方式指向 Windows 系统文件夹中的应用程序 write.exe，并设置其运行方式为"最小化"。

【操作步骤】

（1）双击打开 KS 文件夹，空白处右击鼠标，在快捷菜单中选择"新建/快捷方式"命令。弹出"创建快捷方式"对话框，在"请键入对象的位置"对话框中输入"C:\Windows"或单击后面"浏览"按钮选择 C:\Windows 文件夹，单击"下一步"按钮。

（2）单击"下一步"按钮，输入快捷方式名称"KJ"，单击"完成"按钮。

（3）右击"KJ"快捷方式，选择"属性"命令，在弹出的对话框中，选择"快捷方式"选项卡，在"快捷键"项中同时按下键盘上<Ctrl>+<Shift>+<L>三个键，然后单击"确定"按钮。

（4）双击打开 KS 文件夹，空白处右击鼠标，在快捷菜单中选择"新建/快捷方式"命令。弹出"创建快捷方式"对话框，在"请键入对象的位置"对话框中输入"http://www.baidu.com/"，单击"下一步"按钮。

（5）单击"下一步"按钮，输入快捷方式名称"WY"，单击"完成"按钮。

（6）右击"网页"快捷方式，选择"属性"命令，在弹出的对话框中，选择"快捷方式"选项卡，在"快捷键"项中同时按下键盘上<Ctrl>+<Alt>+<F>三个键，然后单击"确定"按钮。

（7）双击打开 KS 文件夹，空白处右击鼠标，在快捷菜单中选择"新建/快捷方式"命令。弹出"创建快捷方式"对话框，在"请键入对象的位置"文本框中输入"write.exe"。

（8）单击"下一步"按钮，输入快捷方式名称"写字板"，单击"完成"按钮。

（9）右击"写字板"快捷方式，选择"属性"命令，在弹出的对话框中，选择"快捷方式"选项卡，在"运行方式"项中选择"最小化"，然后单击"确定"按钮。

实训 3　进制转换和截屏

【题目】

利用计算器将十进制数 100 转换为二进制数，并将计算器窗口以 16 色位图保存在 C:\KS 中，文件名为 JS.bmp。

【操作步骤】

（1）在"开始"菜单输入框中输入"计算器"，打开"计算器"窗口。单击左上角"打开导航"菜单，选择"程序员"命令，然后选中"DEC"单选按钮，输入 100，下方"BIN"显示二进制计算结果"0110 0100"。

（2）按<Alt> + <PrintScreen>组合键，将计算器窗口截屏。选择"开始/所有程序/Windows 附件/画图"命令，打开画图应用程序，然后按<Ctrl>+<V>快捷键粘贴截屏窗口。

（3）打开"文件"菜单，在下拉菜单中选择"另存为"命令，将保存路径设置为 C:\KS，输入文件名"JS"，"保存类型"选择 16 色位图，单击"保存"按钮。

实训 4　文件压缩与解压缩

【题目】

在 C:\KS 文件夹中新建文件夹 BA 和 BB，并将 BA 和 BB 两个文件夹压缩为 BC.zip，将 BC.zip 文件设置为只读属性，将 C:\素材\EE.rar 文件中的 zz.txt 文件解压缩至 C:\KS 文件夹中。

【操作步骤】

（1）双击进入 C 盘下的 KS 文件夹，在空白处右击鼠标，在快捷菜单中选择"新建/文件夹"命令，将文件夹命名为 BA。同样方法在 C 盘 KS 文件夹中新建文件夹 BB。

（2）全选 BA、BB 文件夹，右击鼠标，在弹出的快捷菜单中选择"添加到压缩文件"命令，将压缩文件名设置为新名称"BC"，单击"确定"按钮完成文件压缩。

（3）右击 BC.rar 文件并选择"属性"命令，在弹出的对话框中选择"常规"选项卡，在属性中勾选"只读"复选项，单击"确定"按钮。

（4）选中素材"EE.zip"文件，右击鼠标，在弹出的快捷菜单中选择"解压到当前文件夹"命令完成文件解压，在出现的解压文件中，选中 zz.txt 文件后右击，在右键快捷菜单中选择"复制"命令。

（5）双击打开 KS 文件夹，空白处右击鼠标，在快捷菜单中选择"粘贴"命令。

实训 5 安装打印机并打印测试页

【题目】

安装 EPSON WF-4630 Series 打印机，将其设置为默认打印机并打印测试页文件 C:\KS\TEST.prn。

【操作步骤】

（1）双击桌面"此电脑"图标，双击打开 C 盘，在空白处右击鼠标，在快捷菜单中选择"新建/文件夹"命令，命名为 KS。

（2）单击桌面左下角"开始"图标，打开"控制面板"，选择"硬件和声音/查看设备和打印机"，单击"添加打印机"按钮，选择"我所需的打印机未列出/通过手动设置添加本地打印机或网络打印机"，单击"下一步"按钮。

（3）在"选择打印机端口"窗口中选中"使用现有的端口"单选项，在右侧的下拉列表中选择"FILE:（打印到文件）"，单击"下一步"按钮。

（4）在"安装打印机驱动程序"窗口中分别选择厂商"EPSON"、打印机"EPSON WF-4630 Series"，单击"下一步"按钮。

（5）自动安装所选打印机的驱动程序，安装完成之后单击"打印测试页"按钮，在"打印到文件"的"输出文件名"文本框中输入"C:\KS\TEST.prn"，单击"完成"按钮。

实训 6 网页以 PDF 格式保存及保存网页图片

【题目】

打开素材网页 A.html，将该网页以 PDF 格式保存在 C:\KS 文件夹中，文件名为 WY.pdf；并将网页中图片保存在 C:\KS 文件夹中，文件名为 PIC.jpg 。

【操作步骤】

（1）双击打开素材中的"A.html"网页文件，点开浏览器右上角设置菜单，在弹出菜单中选择"打印"命令。

（2）弹出"打印"对话框，在"打印机"下拉选项中选择"另存为 PDF"。

（3）单击"保存"按钮，弹出"另存为"对话框，输入文件名"WY"，路径选择 C:\KS，单击"保存"按钮。

（4）双击打开素材中的"A.html"网页文件，选中图片，右击鼠标，在快捷菜单中选择"图片另存为..."命令。

（5）弹出"另存为"对话框，将文件名命名为"PIC"，保存类型选择".jpg"，路径选择"C:\KS"，单击"保存"按钮完成图片保存。

实训 7 网络配置查看 ipconfig 命令

【题目】

在 C:\KS 文件夹中创建 INFO.txt 文件，将当前计算机的以太网适配器 DHCP 是否已启用、自动配置是否已启用、IPv4 地址的信息粘贴在内，每个信息独占一行。

【操作步骤】

（1）双击 C 盘下的 KS 文件夹，进入后在空白处右击鼠标，选择"新建/文本文档"，将文件名命名为 INFO.txt。

（2）选择"开始/所有程序/Windows 系统/命令提示符"菜单命令，打开命令提示符界面。

（3）在命令提示符界面输入"ipconfig/all"命令。

（4）在输入命令结束后，按键盘上"Enter"回车键，出现配置信息。

（5）选中命令窗口中的"以太网适配器 DHCP 是否已启用"，按<Ctrl>+<C>快捷键复制，双击打开 C:\KS 下的 INFO.txt 文件，按<Ctrl>+<V>快捷键粘贴配置信息，同样方法将自动配置是否已启用、IPv4 地址的信息复制粘贴到 INFO.txt 文件中，选择"文件/保存"命令。

实训 8　查看网络连通命令 ping

【题目】

利用命令测试地址 127.0.0.1 的连通情况是否正常，将反馈的信息窗口截图保存到 C:\KS 文件夹，文件名为 LINK.jpg。利用命令测试本机与某主机（IP 地址：36.152.44.95）的连接是否正常，将反馈的信息复制粘贴到 C:\KS\WLLJ.txt 文件内。

【操作步骤】

（1）选择"开始/所有程序/Windows 系统/命令提示符"菜单命令，打开命令提示符界面。

（2）在命令提示符界面输入"ping 127.0.0.1"命令。

（3）在输入命令结束后，按键盘上"Enter"回车键，出现反馈信息。

（4）选择"开始/所有程序/Windows 附件/截图工具"菜单命令，单击截图工具"新建"命令，出现十字光标，拖动光标选取命令提示符中的反馈信息。

（5）打开"文件"菜单，在下拉菜单中选择"另存为"命令，将保存路径设置为 C:\KS，输入文件名"LINK"，保存类型选择"JPEG 文件"，单击"保存"按钮。

（6）双击 C 盘下的 KS 文件夹，进入后在空白处右击鼠标，选择"新建/文本文档"，将文件名命名为 WLLJ.txt 。

（7）选择"开始/所有程序/Windows 系统/命令提示符"菜单命令，打开命令提示符界面。

（8）在命令提示符界面输入"ping 36.152.44.95"命令。

（9）在输入命令结束后，按键盘上"Enter"回车键，出现反馈信息。

（10）选中命令窗口中命令与反馈的信息，按<Ctrl>+<C>快捷键复制，双击打开 C:\KS 下的 WLLJ.txt 文件，按<Ctrl>+<V>快捷键粘贴配置信息，选择"文件/保存"后关闭 WLLJ.txt 文件。

2.2　同步练习

1. 在 C:\KS 文件夹中新建文件夹 CA，并在 CA 文件夹中创建文件夹 CB。在 CB 文件夹中新建文本文件 ZT.txt，输入文字："不忘初心、牢记使命"。在 C:\KS 文件夹中创建一个名为"网页"的快捷方式：该快捷方式指向"https://www.baidu.com/"，快捷键为<Ctrl>+<Alt>+<U>。

2.在C:\KS文件夹中新建文件夹GA和GB。将素材GG.zip文件中的gp.jpg文件解压到C:\KS文件夹中。在 C:\KS 文件夹中创建一个名为 GW 的快捷方式：该快捷方式指向 C:\Windows 文件夹，并设置其运行方式为"最大化"。

3．查找文件夹 C:\Windows 下名为 mspaint.exe 的应用程序，以新文件名 pic.dll 复制该文件到C:\KS 文件夹下，并设置其属性为只读。将 C:\KS\AZ.txt 文件中的文字"更新"全部替换为"UPDATE"。将 C:\KS\AZ.txt 文件重命名为 REN.rtf。

4．在系统中安装一台系统自带的"HP"打印机，并打印测试页到文件 C:\KS\TEST.PRN。

5．打开素材网页 H.html，将该网页中"新闻"图片保存在 C:\KS 文件夹中，文件名为WYH.jpg，将该网页以 PDF 格式保存在 C:\KS 文件夹中，文件名为 WY.pdf。

6. 在 C:\KS 文件夹中创建 WLLX.txt 文件，使用地址 127.0.0.1 测试本机 TCP/IP 是否正常，将使用的命令与反馈的信息粘贴在 WLLX.txt 文件中。

第 *3* 章

文字处理软件 Word 2016

知识点

1. 文档排版

- 字体格式：文档中的文本内容包括汉字、字母、数字、符号等。设置字体格式主要指字体、字号和字形等。此外，还可以设置颜色、下画线、着重号，以及改变文字间距等。

- 段落格式：主要包括缩进和间距、制表位、对齐方式、项目符号和编号、段落底纹和边框等。

- 格式刷：将选定文本的格式复制给其他选定文本，实现重复的文本和段落格式的快速编辑。

- 样式：指已经命名并保存的字体和段落格式，设定了文档中标题、正文等文本内容的格式。样式可分为内置样式和自定义样式。

- 模板：Word 2016 模板文件的扩展名是.dotx，模板为文档提供基本框架和样式组合，可以在创建新文档时使用。

- 目录：根据设置的多级标题样式，可以通过索引和目录功能提取目录。

2. 文档中的对象

- 文本框：可以放入文本或插入图片。在文档中插入的文本框可以是 Word 自带样式的文本框，也可以是手动绘制的横排或竖排文本框。可以调整文本框的大小和位置。

- 表格：不仅可以快速创建表格，还可以编辑和修改表格。选中表格中的单元格、行或列，可以进行插入、删除、合并和拆分等操作。在表格中可以输入文字或数据，设置表格中内容的对齐方式、表格对齐方式、边框和底纹和套用表格样式等。表格和文本相互转换。

- 艺术字、图片、形状、SmartArt 及图表。

- 视频和音频。

- 公式。

3. 页面设计

- 主题：包括主题颜色、主题字体和主题效果，不同的主题呈现出不同的整体风格。
- 页面背景：包括水印、页面颜色和页面边框的设置。显示文档最底层的颜色或图案，用于丰富文档的页面显示效果。

4. 页面设置和布局

- 文字方向：可以设置文字水平、垂直及 90°和 270°旋转。
- 页边距：指文档中文字距离页边的留白宽度，可以分别设置上、下、左、右的页边距。
- 纸张方向：可以设置纸张纵向或横向放置。
- 分栏：用来实现以两栏或多栏的方式显示文档内容，可以设置栏数、栏宽度和栏间距。
- 页眉、页脚和页码：页眉和页脚分别位于文档的顶部和底部，用来显示文档的附加信息，包括文档名、作者名、页码、日期和时间、图片等。页码用于显示文档的页数，首页可根据实际情况不显示页码。
- 脚注和尾注：对文档中的文本进行补充说明、附加解释或标注文档中引用内容的来源等。脚注一般位于文档每页的底部，而尾注一般位于整个文档的末尾。
- 题注：可以为文档中的图形、公式或表格等进行统一编号和简要文字说明。

3.1 操作实训

实训 1 文本效果、特殊符号和图文混排

【题目】

打开 C:\素材\实训 1 杭州亚运会.docx 文件，按下列要求操作，将结果以原文件名保存在 C:\KS 文件夹中。最终效果如图 3-1 所示。

（1）将"积分"主题套用到文档。设置标题"2022 年杭州亚运会"的文本效果为"填充：蓝色、主题色 2；边框：蓝色、主题色 2"（采用第 1 行第 3 列）。标题字号为一号、分散对齐。

（2）设置正文所有段落首行缩进 2 个字符，段前段后间距为 0.5 行、行距为固定值 20 磅。为第一段落添加"样式 15%，颜色为蓝色"图案底纹。并添加"标准色-蓝色"、样式为"双曲线"、宽度为 0.75 磅的段落边框。

（3）对第二段落取消字符缩放。将正文第三段落的样式设置为"明显强调"。

（4）在最后一段的段首插入特殊符号☺（Wingdings 字体集），字号为三号，颜色为标准色-红色。为文字"良渚古城"添加拼音指南，拼音字号为 9。将"大莫角山"4 个字设置为"合并字符"，字体为"微软雅黑"，字号为 8 磅。

（5）插入图片"tu.jpg"，设置图片大小为高 6 厘米，宽 8 厘米，采用"四周型环绕"图文混排，并添加"简单框架，白色"图片样式。为文档设置文字水印"杭州亚运会"，字体为黑体、半透明、斜式。

２０２２年杭州亚运会

　　2022年杭州亚运会（Asian Games Hangzhou 2022），又称"杭州2022年第19届亚运会"，将在中国浙江杭州举行，原定于2022年9月10日至25日举办；2022年7月19日亚洲奥林匹克理事会宣布将于2023年9月23日至10月8日举办，赛事名称和标志保持不变。

　　截至2020年12月，本届亚运会共设40个竞赛大项，包括31个奥运项目和9个非奥运项目。同时，在保持40个大项目不变的前提下，增设电子竞技、霹雳舞两个竞赛项目。

　　杭州2022年亚运会以"中国新时代·杭州新亚运"为定位，"中国特色、亚洲风采、精彩纷呈"为目标，秉持"绿色、智能、节俭、文明"的办会理念，坚持"杭州为主、全省共享"的办赛原则。

　　2023年4月25日起，为期三天的杭州亚运会代表团团长大会在杭州举行，亚洲45个国家和地区的奥委会代表参会。6月15日，杭州亚运会倒计时100天，亚运会火种在杭州 良渚古城 遗址公园大莫角山成功采集。同日，杭州亚运会奖牌"湖山"发布。6月29日，杭州亚运会第二次世界媒体大会成果发布会在杭州国际博览中心召开。 7月，杭州亚运会运动员报名圆满结束，亚奥理事会45个国家（地区）奥委会均已报名，运动员人数达到12500多名，报名规模创历届之最。

图3-1　实训1最终效果

【操作步骤】

　　（1）单击"设计"选项卡的"文档格式"组中的"主题"下拉按钮，选择"积分"主题。选中标题"2022年杭州亚运会"，单击"开始"选项卡的"字体"组中的"文本效果"下拉按钮，选择"填充：蓝色、主题色2；边框：蓝色、主题色2"样式。单击"字体"组中"字号"下拉按钮，选择"一号"。单击"段落"组中的"分散对齐"按钮。

　　（2）选中正文所有段落，单击"开始"选项卡中"段落"组右侧的按钮，在弹出"段落"对话框中默认的"缩进和间距"选项卡中，按照题目要求，进行设置，如图3-2所示。

　　（3）选中第一段落，在"开始"选项卡的"段落"组中，单击"边框"下拉按钮，在下拉菜单中选择"边框和底纹"，弹出"边框和底纹"对话框。在"边框和底纹"对话框中，选择"底纹"选项卡，并进行相应设置，如图3-3所示。单击"边框"选项卡，进行相应设置，如图3-4所示，单击"确定"按钮。

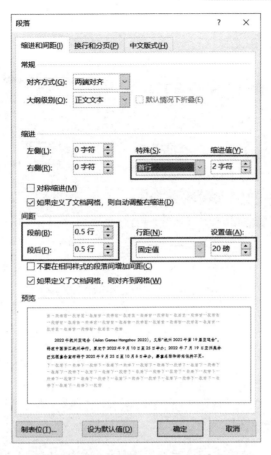

图 3-2 设置段落格式

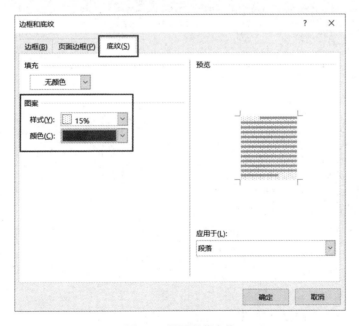

图 3-3 设置段落底纹

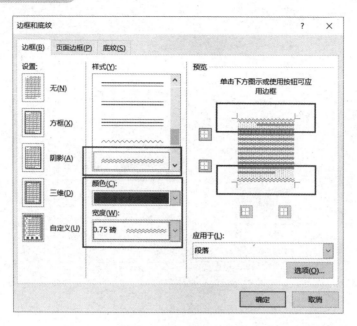

图 3-4　设置段落边框

（4）选中第二段落，单击"开始"选项卡中"段落"组的"中文版式"下拉按钮，选择"字符缩放" $\mathbf{A}$ ·中的"100%"。

（5）选中第三段落，在"开始"选项卡的"样式"组中，单击"样式"列表框右侧的下拉按钮，在展开的下拉列表中选择"明显强调"样式，如图 3-5 所示。

图 3-5　设置样式

（6）单击"插入"选项卡中"符号"组的"符号"下拉按钮，选择"其他符号"，打开"符号"对话框。单击"符号"选项卡中"字体"右侧的下拉按钮，在打开的下拉列表中选择 Wingdings 字体集，然后在符号表中选中符号☖，单击"插入"按钮，如图 3-6 所示。

（7）选中符号☖，单击"开始"选项卡"字体"组中的"字号"下拉按钮，选择"三号"字。单击"字体颜色"下拉按钮，选择"标准色-红色"。

（8）选中最后一段中的文字"良渚古城"，单击"开始"选项卡的"字体"组中的"拼音指南"按钮，将字号设置为 9 磅，单击"确定"按钮。

（9）选中最后一段中的文字"大莫角山"，单击"开始"选项卡的"段落"组中的"中文版式"下拉按钮，选择"合并字符"。在"合并字符"对话框中，将字体设置为"微软雅黑"，字号设置为 8 磅。单击"确定"按钮。

（10）单击"插入"选项卡的"插图"组中"图片"下拉按钮，选择"此设备"。在弹出的"插入图片"对话框中选择"tu.jpg"图片，单击"插入"按钮。选中图片，在"图片工具"浮动选项卡"图片格式"中，单击"大小"组右侧的按钮 ，打开"布局"对话框，选择"大小"选项卡，取消勾选"锁定纵横比"复选框，分别设置高度为6厘米和宽度为8厘米。单击"文字环绕"选项卡，选择"四周型环绕"，单击"确定"按钮。在"图片样式"组中，单击"图片样式"列表框右侧的下拉按钮，在展开的下拉列表中选择"简单框架，白色"图片样式。参考样张，适当调整图片位置。

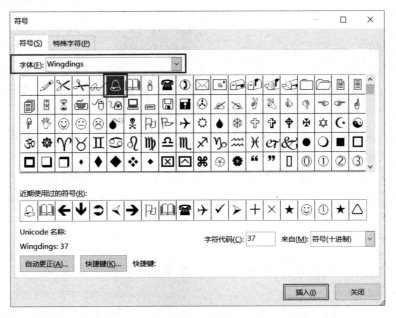

图3-6 插入符号

（11）单击"设计"选项卡的"页面背景"组中的"水印"下拉按钮，选择"自定义水印"，在打开的"水印"对话框中，按题目要求设置，如图3-7所示。

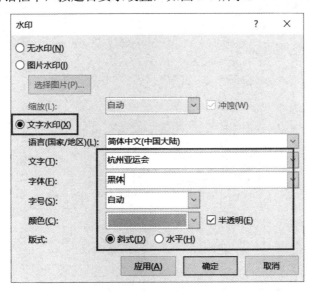

图3-7 设置文字水印

实训 2　艺术字、分栏、文字转换为表格的设置

【题目】

打开 C:\素材\实训 2 走进丽江.docx 文件,按下列要求操作,将结果以原文件名保存在 C:\KS 文件夹中。最终效果如图 3-8 所示。

(1) 将标题"走进丽江"转换为艺术字,艺术字样式为"填充-蓝色,主题 1;阴影",文本发光效果为"发光:8 磅;金色,主题色 4"。设置艺术字的文字方向为垂直,位置为"顶端居左,四周型文字环绕"。

(2) 将文中第一、二段落中"丽江"文字格式设置为华文隶书、三号、加着重号、黄色的突出显示效果。

(3) 为整个文档设置艺术型页面边框,图案为"🌲",宽度为 31 磅。设置页面颜色为"绿色、个性色 6、淡色 80%"。

(4) 为第四段落设置分栏,分成等宽、带分隔线的三栏。将该段落的第一个文字设置为首字下沉字体为华文行楷、下沉 2 行,并对首字设置浅色网格图案、标准色-蓝色文字底纹。

(5) 将文末最后 5 行文字转换为表格,根据内容自动调整表格。按照序号从低到高排序。使用"网格表 4-着色 1"的表格样式,将整个表格居中。调整表格第 1 列宽度为 2 厘米。

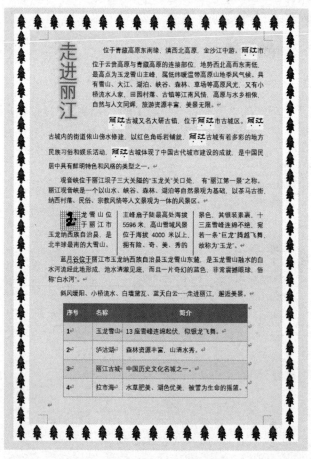

图 3-8　实训 2 最终效果

【操作步骤】

（1）选中标题"走进丽江"，单击"插入"选项卡的"文本"组中的"插入艺术字"下拉按钮，在展开的下拉列表中，选择"填充-蓝色，主题1；阴影"样式（提示：第1行第2列）。在"绘图工具"浮动选项卡的"形状格式"中，单击"艺术字样式"组中的"文字效果"下拉按钮，发光效果选择"发光：8磅；金色，主题色4"。

（2）单击"文本"组中的"文字方向"下拉按钮，选择"垂直"。单击"排列"组的"位置"下拉按钮，选择"顶端居左，四周型文字环绕"。

（3）选中第一和第二段落，单击"开始"选项卡的"编辑"组中的"替换"按钮，在弹出的"查找和替换"对话框中，单击"替换"选项卡，在"查找内容"文本框内输入"丽江"，在"替换为"文本框内单击，将光标定位在"替换为"文本框内，单击左下角"更多"按钮，在展开的对话框中，单击左下角"格式"下拉列表，选择"字体"，在弹出的"替换字体"对话框中进行设置，格式为华文隶书、三号、加着重号，单击"确定"按钮，返回到"查找和替换"对话框。再次单击左下角"格式"下拉列表，选择"突出显示"，设置结果如图3-9所示。单击"全部替换"按钮。在弹出的对话框中，询问"在所选内容中替换了6处，是否搜索文档的其余部分？"，单击"否"按钮。返回"查找和替换"对话框，单击"关闭"按钮。

图3-9 查找和替换

（4）单击"设计"选项卡的"页面背景"组中的"页面边框"按钮，在弹出的"边框和底纹"对话框中，单击"页面边框"选项卡，按题目要求设置，如图3-10所示。

（5）单击"设计"选项卡的"页面背景"组中的"页面颜色"下拉按钮，选择"绿色，个性色6，淡色80%"。

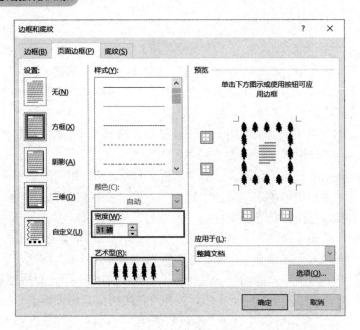

图 3-10　页面边框

（6）选中第四段落，单击"布局"选项卡的"页面设置"组中的"栏"下拉按钮，在展开的下拉列表中选择"更多栏"选项。在弹出的"栏"对话框中进行设置，选择"三栏"，勾选"分隔线"复选框，如图 3-11 所示，单击"确定"按钮。

（7）将光标定位在第四段落，单击"插入"选项卡的"文本"组中的"添加首字下沉"下拉按钮，在展开的下拉列表中，选择"首字下沉选项"。在弹出的"首字下沉"对话框中，选择"下沉"，字体设置为"华文行楷"，设置下沉行数为 2，如图 3-12 所示，单击"确定"按钮。

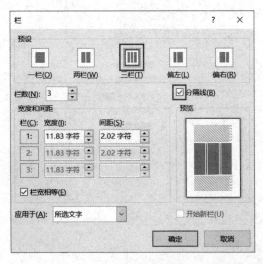

图 3-11　设置分栏

图 3-12　设置首字下沉

（8）选中第四段落第一个字"玉"，单击"开始"选项卡的"段落"组中的"边框"下拉按钮，在下拉菜单中选择"边框和底纹"，在弹出"边框和底纹"对话框中，单击"底纹"选项卡，具体设置，如图 3-13 所示，单击"确定"按钮。

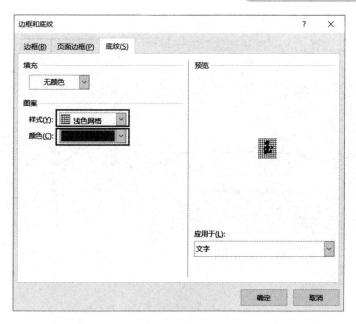

图 3-13　设置文字底纹

（9）选中文末最后 5 行文字，单击"插入"选项卡的"表格"组中的"表格"下拉按钮，选择"文本转换成表格"，在弹出的"将文字转换成表格"对话框中，选中"根据内容调整表格"单选按钮，如图 3-14 所示，单击"确定"按钮。

（10）在"表格工具"浮动选项卡中，单击"布局"选项卡的"数据"组中的"排序"按钮，在"排序"对话框中，主要关键字为"序号"，类型为"数字"，排列选择"升序"，列表为"有标题行"，如图 3-15 所示，单击"确定"按钮。

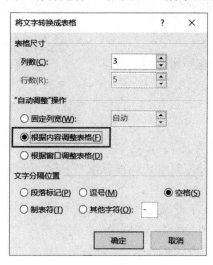

图 3-14　文字转换成表格

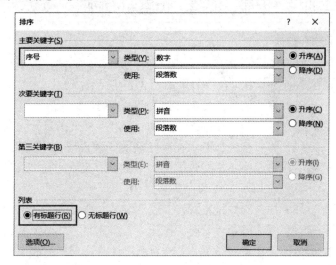

图 3-15　排序

（11）在"表格工具"浮动选项卡，单击"表设计"选项卡的"表格样式"组下拉按钮，在展开的下拉列表中，选择样式"网格表 4-着色 1"。单击表格左上角 ⊞，选中整个表格，单击"开始"选项卡的"段落"组中的"居中"按钮，将整个表格居中。

（12）选中表格第 1 列，在"表格工具"浮动选项卡的"布局"选项卡中，单击"表"组中的"属性"按钮。在弹出的"表格属性"对话框中，单击"列"选项卡，勾选"指定宽度"复选框，将宽度设置为 2 厘米，如图 3-16 所示，单击"确定"按钮。

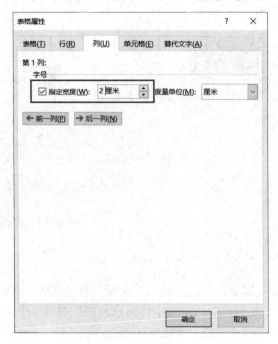

图 3-16　设置表格列宽

实训 3　目录、插图、页眉和页脚

【题目】

打开 C:\素材\实训 3 科学家牛顿.docx 文件，按下列要求操作，将结果以原文件名保存在 C:\KS 文件夹中。最终效果如图 3-17 所示。

（1）设置第 1 行文字样式为"标题 1"，设置第 2、4、6、8、10、12 行文字样式为"标题 2"。在文章起始位置创建"自动目录 1"样式的目录。

（2）将表格的标题所在单元格的底纹设置为"橙色，个性色 2，淡色 80%"填充，将表格标题所在单元格下框线设置为"双曲线，蓝色，0.75 磅"。将表格外边框设置为"上粗下细双线，蓝色，3 磅"，将整个表格居中。

（3）插入圆角矩形标注，输入文字"动力学"，将文字大小设置为"三号"，添加"中等效果-蓝色-强调颜色 5"形状样式。在文末插入 SmartArt 图形"关系"类别中的"射线循环"，文本修改参考最终效果，并设置颜色为"彩色-个性色"，样式为"嵌入"。文字环绕方式为"穿越型环绕"，适当调整大小和位置，与文本混排。

（4）插入图片"tupian.jpg"，将其水平翻转，并为图片添加 3 磅深红色边框，设置为"四周型环绕"，混排效果如最终效果所示。将段落（爵士，英国……《光学》）插入竖排文本框中，文本框形状样式为"细微效果-橙色，强调颜色 2"。文本框左侧插入 tu.jpg 图片。

（5）设置"空白"型页眉，内容为 6 个符号"←"（提示：Wingdings 字体中），格式设置为标准色-蓝色、四号、分散对齐。插入"空白"型页脚，内容为自动更新的"日期和时间"，其格式为"××××年××月××日"。插入"箭头（左侧）"样式的页码，设置页码编号格式为"A，B，C…"，起始页码为"C"。在文档末尾插入音频文件"music.mp3"、插入视频文件"Newton.mp4"。并插入公式：

$$\Delta^n f(x) = \sum_{k=0}^{n} (-1)^k C_n^k f(x + (n-k)h)$$

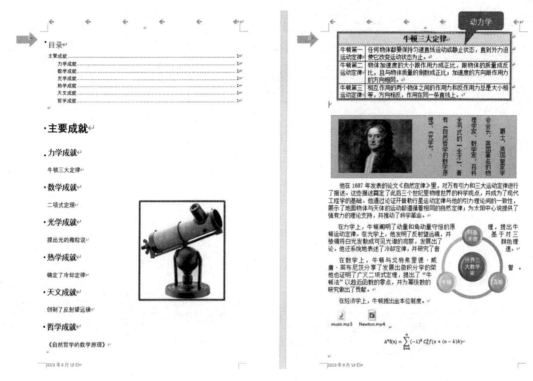

图 3-17　实训 3 最终效果

【操作步骤】

（1）选中第 1 行文字"主要成就"，单击"开始"选项卡的"样式"组右侧下拉按钮，在展开的预设样式中选择"标题 1"样式。选中第 2 行文字"力学成就"，单击"开始"选项卡的"样式"组右侧下拉按钮，在展开的预设样式中选择"标题 2"样式。双击"开始"选项卡的"剪贴板"组中"格式刷"按钮，将鼠标移到第 4 行文字前面，单击鼠标应用"标题 2"样式。依次对为第 6、8、10、12 行文字应用样式"标题 2"。再次单击"格式刷"按钮或按"ESC"键即可关闭格式刷功能。（提示：双击"格式刷"按钮，可多次重复进行格式复制操作。）

（2）将光标定位在第一行文字"主要成就"最前面，单击"引用"选项卡的"目录"组中"目录"下拉按钮，在展开的下拉列表中，选择"自动目录 1"，如图 3-18 所示。则在第一行文字"主要成就"上方创建目录。

（3）选中表格第一行单元格，在"表格工具"浮动选项卡的"表设计"中，单击"边框"组的"边框"下拉按钮，选择"边框和底纹"。在弹出的"边框和底纹"对话框中，单击"底纹"选项卡，选择"填充"下拉按钮，进行相应的设置，如图 3-19 所示。

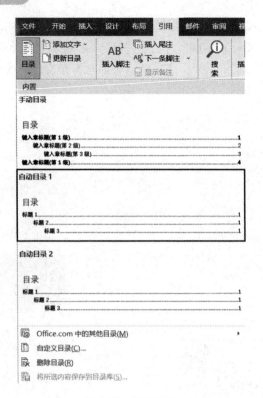

图 3-18　设置目录

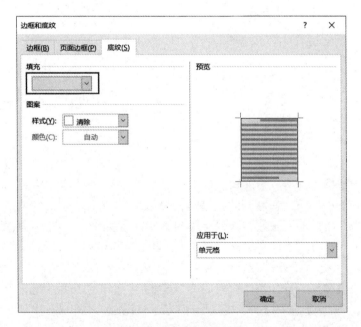

图 3-19　设置单元格底纹

（4）在"边框和底纹"对话框中，单击"边框"选项卡，样式选择"双曲线"，颜色为"蓝色"，宽度为"0.75 磅"。在右侧预览中，单击上、左、右框线，去掉相应框线，如图 3-20 所示，单击"确定"按钮。

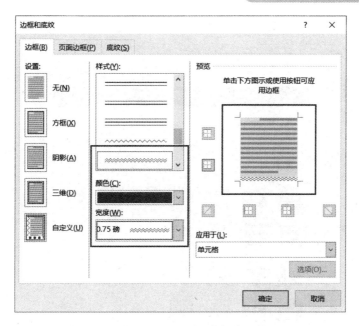

图 3-20 设置单元格框线

（5）单击表格左上角 ✛，选中整个表格，在"表格工具"浮动选项卡的"表设计"中，单击"边框"组的"边框"下拉按钮，选择"边框和底纹"，在弹出的"边框和底纹"对话框中，选择"边框"选项卡，进行相应的设置，如图 3-21 所示，单击"确定"按钮。

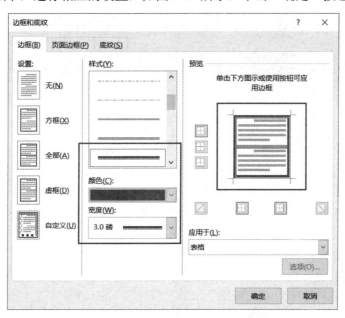

图 3-21 设置表格边框

（6）选中整个表格，单击"开始"选项卡的"段落"组中"居中"按钮，使表格居中。

（7）单击"插入"选项卡的"插图"组中"形状"下拉列表，选择"标注"类别中的"圆角矩形标注"，光标变成十字形后，在文档中拖动鼠标绘制形状。在插入的形状上右击，在快捷菜单中选择"编辑文字"命令，输入文字"动力学"。选中文字，单击"开始"选项卡的"字体"组中"字号"下拉按钮，选择"三号"。在"绘图工具"浮动选项卡的"形状格式"中，单击"形状样式"组右侧下拉按钮，在展开的下拉列表中，选择相应样式，如图 3-22 所示。移动圆角矩形标注的位置，将其调整到表格上方。

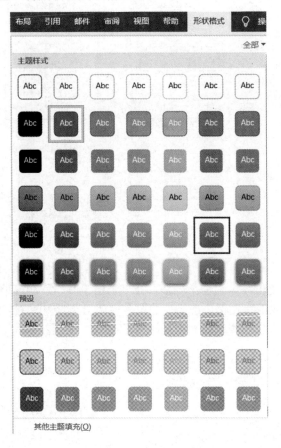

图 3-22　设置形状样式

（8）单击"插入"选项卡的"插图"组中"插入 SmartArt 图形"按钮，在弹出的"选择 SmartArt 图形"对话框中，找到"关系/射线循环"，如图 3-23 所示，单击"确定"按钮。在 SmartArt 的文本占位符中输入相应的文字。在"SmartArt 工具"的浮动选项卡"SmartArt 设计"中，单击"SmartArt 样式"组的"更改颜色"下拉按钮，选择"彩色-个性色"。单击"SmartArt 样式"组右侧下拉按钮，在展开的下拉列表中选择"嵌入"。选中 SmartArt 图形，单击"格式"选项卡的"排列"组中"环绕文字"下拉按钮，选择"穿越型环绕"。适当调整 SmartArt 图形大小和位置。

（9）单击"插入"选项卡的"插图"组中"图片"下拉按钮，选择"此设备"。在弹出的"插入图片"对话框中，选择"tupian.jpg"图片，单击"插入"按钮。选中图片，在"图片工具"浮动选项卡的"图片格式"中，单击"排列"组的"旋转"下拉按钮，选择"水平翻转"。单击"图片样式"组的"图片边框"下拉按钮，颜色选择"标准色-深红色"，粗细选择 3 磅。单击"文字环绕"下拉按钮，选择"四周型"环绕。适当调整图片大小和位置。

（10）选中第一段落，单击"插入"选项卡的"文本"组中的"文本框"下拉按钮，选择"绘制竖排文本框"。调整文本框的宽高和位置。在"绘图工具"浮动选项卡的"形状格式"中，单击"形状样式"组右侧下拉按钮，在展开的下拉列表中，选择"细微效果-橙色，强调颜色2"样式。

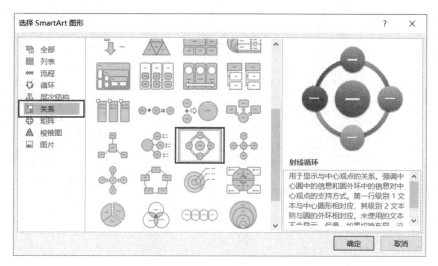

图 3-23 插入 SmartArt 图形

（11）单击"插入"选项卡的"插图"组中"图片"下拉按钮，选择"此设备"。在弹出的"插入图片"对话框中，选择"tu.jpg"图片，单击"插入"按钮。在"图片工具"浮动选项卡的"图片格式"中，单击"排列"组的"环绕文字"下拉列表，选择"四周型"环绕。适当调整图片的大小，将图片放置到文本框左侧位置。

（12）单击"插入"选项卡的"页眉和页脚"组中"页眉"下拉按钮，选择第一个"空白"型。单击"插入"选项卡的"符号"组中"符号"下拉按钮，在展开的下拉列表中，选择"其他符号"。在弹出的"符号"对话框中，单击"字体"下拉按钮，选择"Wingdings"，单击符号"←"，单击"插入"按钮 6 次，插入 6 个符号"←"，单击"关闭"按钮。选中 6 个符号"←"，单击"开始"选项卡的"字体"组中"字体颜色"下拉按钮，选择"标准色-蓝色"。单击"字号"下拉按钮，选择"四号"。单击"段落"组的"分散对齐"按钮。

（13）在"页眉和页脚工具"浮动选项卡的"页眉和页脚"中，单击"页脚"下拉按钮，选择第一个"空白"型。单击页脚左侧"[在此处键入]"，然后单击"插入"组中的"日期和时间"按钮，在弹出的"日期和时间"对话框中，右侧语言（国家/地区）选择"简体中文（中国大陆）"，可用格式选择"××××年××月××日"，勾选右下角"自动更新"复选框，如图 3-24 所示，单击"确定"按钮。

（14）单击"页眉和页脚"组中的"页码"下拉按钮，选择"页边距/箭头（左侧)"。在左侧可见红色箭头中显示数字 1。再次单击"页码"下拉按钮，选择"设置页码格式"，在弹出的"页码格式"对话框中，进行相应的设置，如图 3-25 所示，单击"确定"按钮。单击"关闭"组的"关闭页眉和页脚"按钮。

（15）单击"插入"选项卡的"文本"组中"对象"下拉按钮，选择"对象"。在打开的"对象"对话框中，选择"由文件创建"选项卡，单击"浏览"按钮，找到音频"music.mp3"，单击"插入"按钮，单击"确定"按钮。用同样的方法插入视频文件"Newton.mp4"。

单击"插入"选项卡的"符号"组中"公式"下拉按钮，选择"插入新公式"。利用"公式工具"输入公式内容。

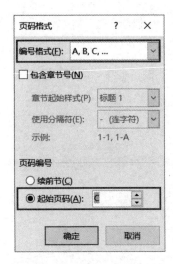

图 3-24　插入日期和时间　　　　　　　　　图 3-25　设置页码格式

实训 4　页面布局、文本框和脚注的设置

【题目】

打开 C:\素材\实训 4 美丽校园.docx 文件,按下列要求操作,将结果以原文件名保存在 C:\KS 文件夹中, 最终效果如图 3-26 所示。

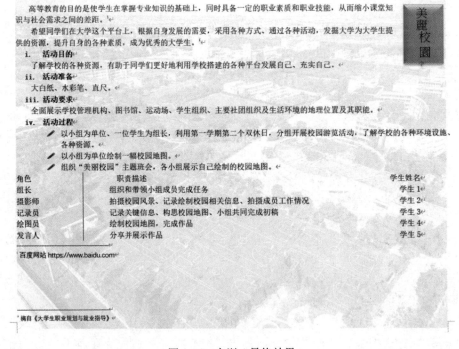

图 3-26　实训 4 最终效果

（1）将文档页面的纸张方向改为"横向"。设置页边距上、下均为 1 厘米,左、右均为 3 厘米。为文档设置图片水印,图片采用 tu.jpg 格式。

（2）选中标题"美丽校园"，增大字号 3 次。将标题转为繁体。将"校园"两个字符的间距加宽 5 磅，位置上升 5 磅。将标题插入竖排文本框中，文本框形状填充色为"绿色，个性色6"，形状效果为"预设 2"效果。

（3）将文末最后四行文字的编号修改为项目符号✐（Wingdings 字体集），项目符号的字体设置为"加粗，12 号，红色"。为 4 个小标题添加编号。

（4）分别在 2 字符、10 字符、15 字符、60 字符位置设置左对齐、竖线对齐、左对齐、右对齐制表位。

（5）为第一段落"高等教育……差距"添加脚注，内容为：摘自《大学生职业规划与就业指导》，脚注位置：页面底端。为第二段落"希望……大学生"添加尾注，内容为：百度网站https://www.baidu.com。

【操作步骤】

（1）单击"布局"选项卡的"页面设置"组中"纸张方向"下拉按钮，选择"横向"。单击"页边距"下拉按钮，选择"自定义页边距（A）…"。在弹出的"页面设置"对话框中，分别设置上、下边距为 1 厘米，左、右边距为 3 厘米，单击"确定"按钮。

（2）单击"设计"选项卡的"页面背景"组中"水印"下拉按钮，选择"自定义水印"。在弹出的"水印"对话框中，选择"图片水印"，单击"选择图片"按钮，在弹出的"插入图片"对话框中，选择 tu.jpg，单击"插入"按钮。返回"水印"对话框，单击"确定"按钮。

（3）选中标题"美丽校园"，单击"开始"选项卡的"字体"组中"增大字号"3 次，字号变为小二。单击"审阅"选项卡的"中文简繁转换"组中"简转繁"按钮。选中标题文字"校园"，右击鼠标，在弹出的快捷菜单中，选择"字体"选项。在打开的"字体"对话框中，单击"高级"选项卡，具体设置如图 3-27 所示，单击"确定"按钮。

图 3-27　设置字体

（4）选中标题，单击"插入"选项卡的"文本"组中"文本框"下拉按钮，选择"绘制竖排文本框"。在"绘图工具"浮动选项卡的"形状格式"中，单击"形状样式"组的"形状填充"下拉按钮，选择"绿色，个性色 6"。单击"形状样式"组的"形状效果"下拉按钮，选择"预设 2"。适当调整文本框大小和位置。

（5）选中文末最后 4 行文字，单击"开始"选项卡的"段落"组中"项目符号"下拉按钮，选择"定义新项目符号"，在弹出的"定义新项目符号"对话框中，选择"符号"按钮。在弹出的"符号"对话框中，单击"字体"下拉列表选择"Wingdings"，选择相应项目符号，如图 3-28 所示，单击"确定"按钮。

（6）在"定义新项目符号"对话框中，单击"字体"按钮，在"字体"对话框中，设置"加粗，12 号，红色"，单击"确定"按钮。

（7）选中第一个小标题"活动目的"，按住 Ctrl 键不放，选中另外三个小标题，单击"开始"选项卡的"段落"组中"编号"下拉按钮，选择"定义新编号格式"，在"定义新编号格式"对话框中，如图 3-29 所示，单击"确定"按钮。

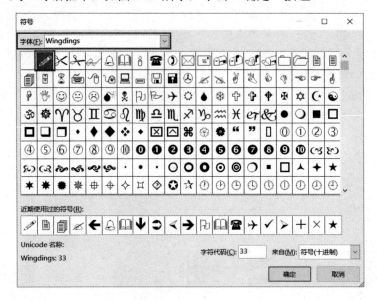

图 3-28　符号

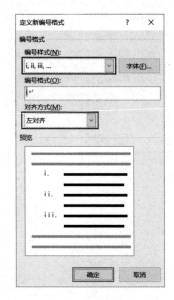

图 3-29　设置编号

（8）单击"开始"选项卡中"段落"组右侧的按钮，启动"段落"对话框，单击左下角"制表位"按钮，打开"制表位"对话框中，具体设置如图 3-30 所示，单击"确定"按钮。

（9）选中第一段落"高等教育……差距"，单击"引用"选项卡的"脚注"组右侧按钮，在打开的"脚注和尾注"对话框中，具体设置如图 3-31 所示，单击"插入"按钮。在页面底部输入文字：摘自《大学生职业规划与就业指导》。

（10）选中第二段落"希望……大学生"，单击"引用"选项卡的"脚注"组中"插入尾注"按钮，输入文字：百度网站 https://www.baidu.com。

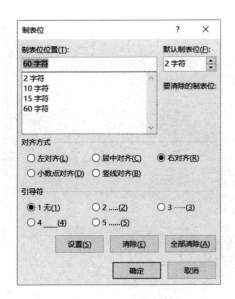

图 3-30　设置制表位

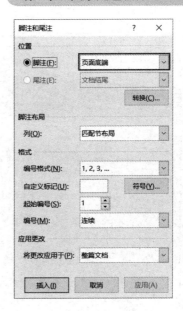

图 3-31　脚注

3.2　同步练习

练习1

打开 C:\素材\练习 1 新农村建设.docx 文件，按下列要求操作，将结果以原文件名保存在
C:\KS 文件夹中，最终效果如图 3-32 所示。

（1）设置纸张方向为"横向"，设置页边距上下均为 2 厘米、左右均为 3 厘米。

（2）将页面颜色设置为"再生纸"纹理填充。为整个文档添加页面边框，样式为阴影、双
线、3 磅。

（3）将标题"新农村建设"转换为艺术字，艺术字样式为"渐变填充：蓝色，主题色 5；
映像"（第 2 行第 2 列）。文字效果转换为"倒 V 形"，位置为"顶端居右，四周型文字环绕"。

（4）设置正文段落首行缩进 2 个字符，行距为 1.2 倍行距。

（5）将正文段落中所有"农村"文字（不包含标题）设置成"加粗倾斜、突出显示"的
"village"。

（6）将文末 5 个黑色实心圆点项目符号，修改为"pic.png"图片。

（7）插入图片"xnc.jpg"，将其水平翻转，修改图片大小，设置高为 4 厘米，宽为 10 厘米。
添加"柔化边缘矩形"图片样式，并采用"四周型环绕"图文混排。

（8）插入图片"tupian.jpg"，裁剪掉下面文字部分，设置图片的颜色为"冲蚀"，并衬于文
字下方，适当调整图片的大小和位置。

（9）插入 SmartArt 图形中的"关系/线形维恩图"，并修改文本内容，更改颜色为"彩色范
围-个性色 4 至 5"。自动换行设置为"紧密型环绕"，适当调整 SmartArt 图形的大小和位置。

（10）为正文第一段落插入脚注，内容为"新农村建设"，脚注位置：页面底端。

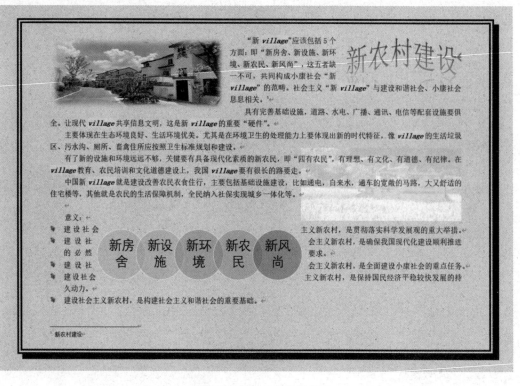

图 3-32 练习 1 最终效果

练习 2

打开 C:\素材\练习 2ChatGPT.docx 文件，按下列要求操作，将结果以原文件名保存在 C:\KS 文件夹中，最终效果如图 3-33 所示。

（1）将标题"ChatGPT 开启人工智能浪潮"设置为"标题 1"样式。在文章起始位置创建"自动目录 1"样式的目录。

（2）为第一段落中的文字"里程碑"添加拼音，设置字号为 10 号。为第一段落文字"深度学习"，设置"合并字符"中文版式，字号为 10 磅。

（3）为第一段中的文字"ChatGPT"添加尾注，内容为"ChatGPT 是 OpenAI 开发的人工智能聊天机器人软件。"

（4）插入"空白"型页眉，内容为"开启 AI 新时代"，字体为"黑体、粗体、四号、标准色-橙色"。

（5）插入图片"tu.jpg"，设置图片的高度和宽度都缩小到原图片的 20%，顺时针旋转 20°；图片重新着色为"冲蚀"；为图片添加 1.5 磅深红色边框线；图片采用"穿越型环绕"。

（6）插入形状"右箭头"，使用素材"ChatGPT.jpg"图片填充；设置高为 4 厘米，宽为 6 厘米；并使用"紧密型环绕"。

（7）对 SmartArt 图形中的文字"AI 知识"进行"升级"设置。将 SmartArt 图形设置为"从右向左"布局。

（8）将倒数第二段中 4 行文本转换为表格，合并第一行单元格，使所有文字在单元格内居中对齐。套用“网格表 4-着色 2”表格样式。调整表格第 1 列宽度为 4 厘米，第 2 列宽度为 6 厘米。并将表格在整个页面居中。

（9）将最后一段插入竖排文本框中，左侧插入图片素材“tupian.jpeg”。设置文本框形状样式为“强烈效果-蓝色，强调颜色 1”。

（10）在文档末尾插入如下公式：

$$S = 2\pi\int_a^b f(x)\sqrt{1+f(x)}\mathrm{d}x$$

开启 AI 新时代

目录

ChatGPT 开启人工智能浪潮......1

绪论......1

简介......1

大模型......1

·ChatGPT 开启人工智能浪潮

绪论

ChatGPT[1]是人类科技史上的里程碑事件，在短短几个月席卷全球，速度之快超出人类最狂野的想象。证明了通过一个具有高水平结构复杂性和大量参数的大模型（foundation model，又称为“基础模型”）可以实现深度学习。此后，大模型概念受到前所未有的关注和讨论。但是，关于“大模型”定义，各方对其内涵的理解和诠释却莫衷一是，“横看成岭侧成峰，远近高低各不同”。

简介

人们形成关于大模型的基本共识：大模型是大语言模型（LLM），也是多模态模型。GPT 是大模型的一种形态，引发了人工智能生成内容（AIGC）技术的质变。大模型是人工智能赖以生存和发展的基础。现在，与其说人类开始进入人工智能时代，不如说人类进入的是大模型时代。我们不仅目睹，也身在其中，体验生成式大模型如何开始生成一个全新时代。

开启 AI 新时代

大模型

人工智能的模型，与通常的模型一样，是以数学和统计学为算法基础的，可以用来描述一个系统或者一个数据集。在机器学习中，模型是核心概念。模型通常是一个函数或者一组函数，可以是线性函数、非线性函数、决策树、神经网络等各种形式。模型的本质就是对这个函数映射的描述和抽象，通过对模型进行训练和优化，可以得到更加准确和有效的函数映射。建立模型的目的是希望从数据中找出一些规律和模式，并用这些规律和模式预测未来的结果。模型的复杂度可以理解为模型所包含的参数数量和复杂度，复杂度越高，模型越容易过拟合。

人工智能大模型的“大”，是指模型参数至少达到 1 亿。但是这个标准一直在提高，目前很可能已经有了万亿参数以上的模型。GPT-3 的参数规模就已经达到了 1750 亿。

如果从人工智能的生成角度定义大模型，与传统的机器学习算法不同，生成模型可以根据文本提示生成代码，还可以解释代码，这一过程，甚至在某些情况下调试代码，不仅可以实现文本、图像、音频、视频的生成，构建多模态，还可以在更为广泛的领域生成新的设计，生成新的知识和思想，甚至实现广义的艺术和科学的再创造。

国内 AI 大模型的主要代表	
百度	文心一言
阿里	通义千问
华为	盘古

$$S = 2\pi\int_a^b f(x)\sqrt{1+f(x)}\,dx$$

[1] ChatGPT 是 OpenAI 开发的人工智能聊天机器人软件。

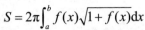

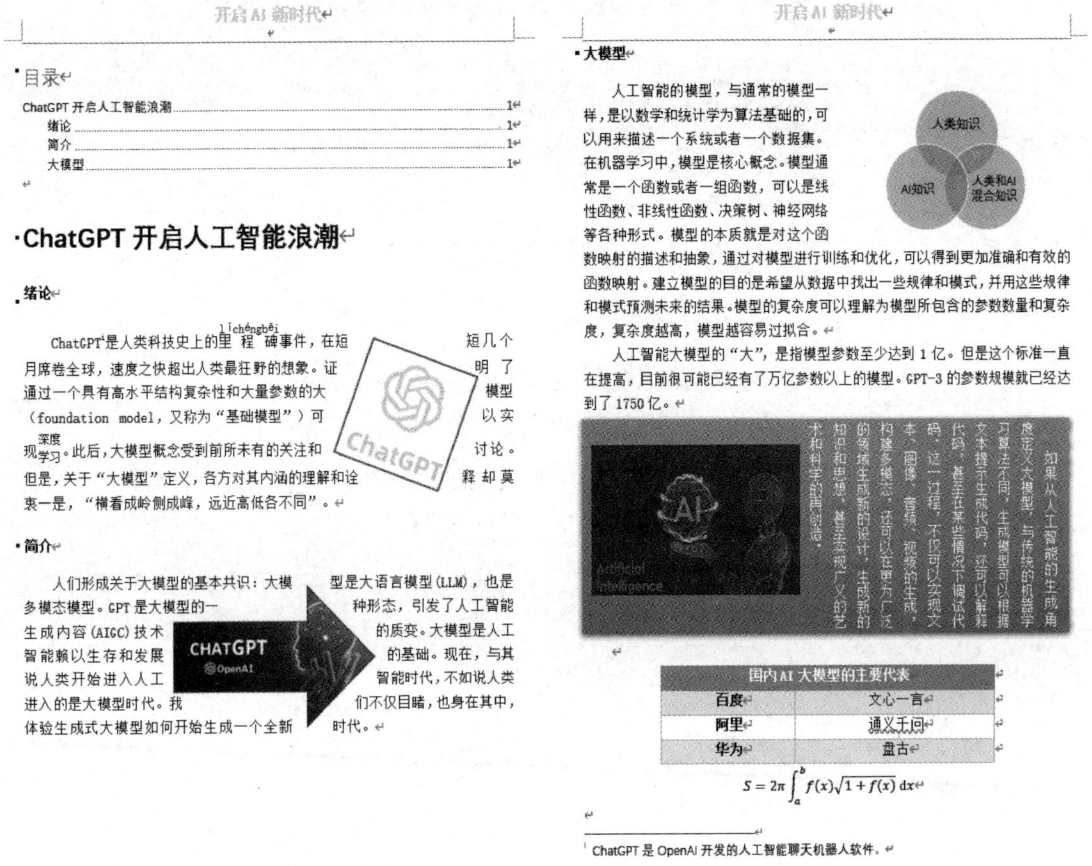

图 3-33 练习 2 最终效果

练习 3

打开 C:\素材\练习 3 大学生健康饮食.docx 文件，按下列要求操作，将结果以原文件名保存在 C:\KS 文件夹中。最终效果如图 3-34 所示。

（1）设置所有段落首行缩进 2 字符，段前、段后间距设为 1 行。将正文中所有文字“健康”替换为加粗倾斜、有着重号的“Health”。设置文档的文字水印“大学生健康饮食”。

（2）为第一段添加阴影、双线、3 磅、标准色-绿色的边框。并添加“蓝色，个性色 1，淡色 80%”填充底纹。将最后一段文字转为繁体。

大学生是国家未来的希望，是民族振兴的脊梁。大学期间，不仅是大学生培养能力、学习知识的重要阶段，同时也是身体发育的重要时期，饮食问题，直接影响着大学生的一生 *Health*。那么，大学生如何 *Health* 饮食？

一、合理膳食

全面均衡。即样样都吃，<u>不挑食</u>，不偏食。众所周知，任何一种单一的天然食物都不能提供人体所需要的全部营养素。因此，合理膳食必须由多种食物组成，才能达到平衡膳食之目的。中国大学生的膳食，应以植物性食物为主、动物性食物为辅的特点，远离高脂肪过多、热能太高等外卖垃圾食品。

总量适度。历来的经验提出"食不过饱"是 *Health* 的前提之一，其目的就是要使适度，饥饱适当，热能和蛋白质等营养素摄入与消耗相适应，避免过胖或消瘦。

三餐合理。要建立合理的饮食方式，切忌暴饮暴食，提倡不吃或少吃零食。一日三餐中的热能分配，以早餐占全天总热能的 30%、午餐占 40%、晚餐占 30% 较为合适。

控制晚餐。晚餐特别要控制不能吃得太油、太饱，特别是晚餐进食大量高蛋白、高脂肪食品，将促使人体内胰腺外分泌过于活跃，胰液外溢。

二、科学进餐

吃饭不可太快过急。因学校食堂用餐时间集中，另加之学习紧张，有些学生吃饭太快、狼吞虎咽，这种紧张情绪，将使得未嚼好的食物进入胃内造成消化负担。

每餐不可随意超量。由于学生自控能力有限，有好吃的饭菜就会超量，这样突然增量可使人出现胃扩张而导致胃病。

生冷不可毫无节制。有些学生爱吃凉东西，特别剧烈体育运动后，全身血液流动得较快，胃部突然受到冷刺激引起胃内血管痉挛，日久则胃部受损导致胃病。

餐後不可劇烈活動。校內大學生因為時間安排緊湊，往往是餐後就馬上做劇烈活動，這對身體危害性很大，會刺激腸胃，讓胃腸黏膜受到破壞，甚至會引起肚子疼、嘔吐的症狀，經常餐後做劇烈運動還會患上胃下垂、胃潰瘍等。

图 3-34　练习 3 最终效果

第4章

电子表格软件 Excel 2016

考核要点

1. Excel 基本操作

（1）数据的输入。

输入文本和数值、输入时间和日期、快速填充表格数据。

（2）数据格式设置。

文本格式、时间格式、小数点位数、百分号；字体、大小、颜色加粗、斜体、下画线；对齐（左对齐、居中对齐、右对齐）、自动换行、复制、剪切、选择性粘贴。

（3）单元格格式设置。

跨列居中、合并居中、单元格填充、边框线；区域名称的定义、调整列宽和行高、插入/删除/隐藏行和列、批注的操作、单元格样式、条件格式。

2. 公式与函数

（1）输入公式：输入"="，运算符号：+、-、*、/。

（2）单元格的引用：相对引用、绝对引用、混合引用。

（3）常用函数：SUM、AVERAGE、MAX、MIN、COUNT、COUNT IF、IF、RANK、YEAR、DATE。

3. 数据管理技术

（1）排序：单条件排序、多条件排序（自定义排序）。

（2）筛选：单条件筛选、多条件筛选。

（3）分类汇总：单次分类汇总、多重分类汇总（第二次要取消替换当前分类汇总）。

（4）数据透视表。

数据透视表是一个将大量数据进行快速汇总和建立交互表的动态汇总报表。

4. 数据可视化技术（图表）

（1）图表类型：柱形图、折线图、饼图、条形图、旭日图、瀑布图、直方图、树形图、箱型图、雷达图、组合图等。

（2）创建图表：先选择数据，再选择图表。

（3）编辑图表：

图表工具：图表设计（快速布局、图表样式）；格式。

设置图表区格式：填充（纯色、渐变、图片或纹理、图案填充）；边框（圆角）；阴影（预设）。

4.1 操作实训

实训 1　基本操作、公式与函数

【题目】

打开 C:\素材\“Excel1.xlsx”文件，参照如图 4-1 所示的效果，对 Sheet1 中的表格按以下要求操作，将结果以同名文件保存到 C:\KS 文件夹。

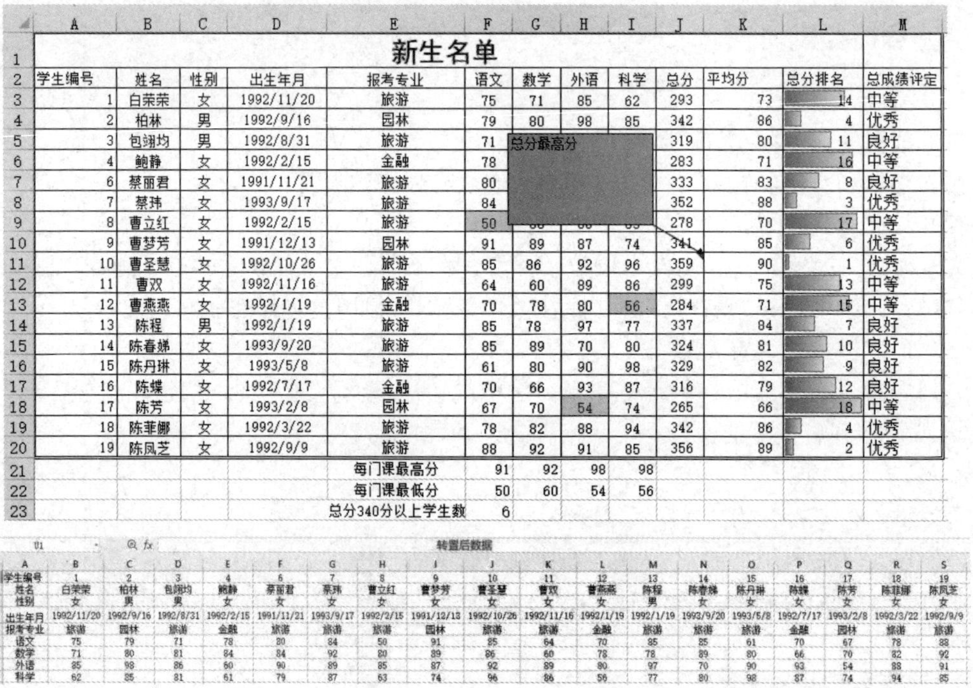

	A	B	C	D	E	F	G	H	I	J	K	L	M
1	新生名单												
2	学生编号	姓名	性别	出生年月	报考专业	语文	数学	外语	科学	总分	平均分	总分排名	总成绩评定
3	1	白荣荣	女	1992/11/20	旅游	75	71	85	62	293	73	14	中等
4	2	柏林	男	1992/9/16	园林	79	80	98	85	342	86	4	优秀
5	3	包翊均	男	1992/8/31	旅游	71				319	80	11	良好
6	4	鲍静	女	1992/2/15	金融	78				283	71	16	中等
7	6	蔡丽君	女	1991/11/21	旅游	80				333	83	8	良好
8	7	蔡玮	女	1993/9/17	旅游	84				352	88	3	优秀
9	8	曹立红	女	1992/2/15	旅游	50				278	70	17	中等
10	9	曹梦芳	女	1991/12/13	园林	91	89	87	74	341	85	6	优秀
11	10	曹圣慧	女	1992/10/26	旅游	85	86	92	96	359	90	1	优秀
12	11	曹双	女	1992/11/16	旅游	64	60	89	86	299	75	13	中等
13	12	曹燕燕	女	1992/1/19	金融	70	78	80	56	284	71	15	中等
14	13	陈程	男	1992/1/19	旅游	85	78	97	77	337	84	7	良好
15	14	陈春娣	女	1993/9/20	旅游	85	89	70	80	324	81	10	良好
16	15	陈丹琳	女	1993/5/8	旅游	61	80	90	98	329	82	9	良好
17	16	陈蝶	女	1992/7/17	金融	70	66	93	87	316	79	12	良好
18	17	陈芳	女	1993/2/8	园林	67	70	54	74	265	66	18	中等
19	18	陈菲娜	女	1992/3/22	旅游	78	82	88	94	342	86	4	优秀
20	19	陈凤芝	女	1992/9/9	旅游	88	92	91	85	356	89	2	优秀
21					每门课最高分	91	92	98	98				
22					每门课最低分	50	60	54	56				
23					总分340分以上学生数	6							

	A	B	C	D	E	F	G	H	I	J
1	学生编号	1	2	3	4	6	7	8	9	10
2	姓名	白荣荣	柏林	包翊均	鲍静	蔡丽君	蔡玮	曹立红	曹梦芳	曹圣慧
3	性别	女	男	男	女	女	女	女	女	女
4	出生年月	1992/11/20	1992/9/16	1992/8/31	1992/2/15	1991/11/21	1993/9/17	1992/2/15	1991/12/13	1992/10/26
5	报考专业	旅游	园林	旅游	金融	旅游	旅游	旅游	园林	旅游
6	语文	75	79	71	78	80	84	50	91	85
7	数学	71	80	81	84	84	92	80	89	86
8	外语	85	98	86	60	90	89	85	87	92
9	科学	62	85	81	61	79	87	63	74	96

	A	K	L	M	N	O	P	Q	R	S
1	学生编号	11	12	13	14	15	16	17	18	19
2	姓名	曹双	曹燕燕	陈程	陈春娣	陈丹琳	陈蝶	陈芳	陈菲娜	陈凤芝
3	性别	女	女	男	女	女	女	女	女	女
4	出生年月	1992/11/16	1992/1/19	1992/1/19	1993/9/20	1993/5/8	1992/7/17	1993/2/8	1992/3/22	1992/9/9
5	报考专业	旅游	金融	旅游	旅游	旅游	金融	园林	旅游	旅游
6	语文	64	70	85	85	61	70	67	78	88
7	数学	60	78	78	89	80	66	70	82	92
8	外语	89	80	97	70	90	93	54	88	91
9	科学	86	56	77	80	98	87	74	94	85

图 4-1　实训 1 最终效果

（1）在第 1 行前插入 1 个空行，输入标题文字“新生名单”，将 A1:L1 区域的单元格合并居中。将标题文字设为黑体、18 磅，其他文字设为宋体、10 磅。将表格 A2:I20 区域的数据复制后转置粘贴到 Sheet2 中 A1 单元格起始的位置，使其行列互换。将 Sheet1 中表格 A1:M20 区域的外边框设为“双实线”，内边框为“单实线”。

（2）用公式计算出所有学生的“总分”、“平均分”、各门课的“最高分”和“最低分”；统计总分 340 分以上的学生数，填入对应的单元格中，并设置数字格式为整数。为总分最高分所在单元格添加批注"总分最高分"，批注背景颜色为海螺色。

（3）使用条件格式功能，将各科成绩低于 60 分的数字颜色设为浅红填充色深红色文本。计算每位同学总分在班级的排名情况，并添加蓝色数据条。使用 IF( )函数进行各学生的总成绩判定，评定规则为：总成绩大于或等于 340 分的"优秀"；大于或等于 300 分的"良好"；300 分以下的"中等"。

【操作步骤】

（1）打开"Excel.xlsx"文件，选中第 1 行，右击鼠标，在弹出的快捷菜单中选择"插入"命令插入新的一行。选中 A1 单元格，输入标题"新生名单"，选中标题，在字体工具栏中选择字体为黑体、18 磅；选中其他文字，在字体工具栏中选择字体为宋体、10 磅。连续选中 A1:L1 单元格，选择"开始"选项卡"对齐方式"组中的"合并后居中"。选中 A1:M20 区域，右击选择"设置单元格格式"，设置表格边框，如图 4-2 所示。

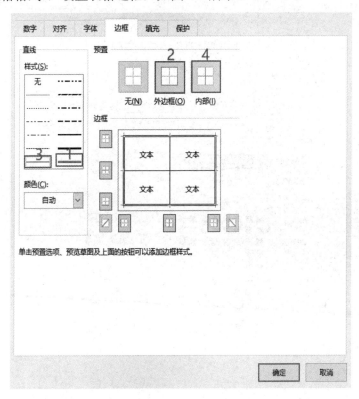

图 4-2 设置边框

（2）选中 J3 单元格，编辑栏内键入"=F3+G3+H3+I3"，按 Enter 键后算出第一个总分，再次选中 J3 单元格，用自动填充柄拖至 J20 单元格。

选中 K3 单元格，使用平均函数"=AVERAGE(F3:I3)"计算出第一个平均分，再次选中 K3 单元格，用自动填充柄拖至 K20 单元格。

选中 F21 单元格，使用最大值函数"=MAX(F3:F20)"算出语文"最高分"，再次选中 F21 单元格，用自动填充柄拖至 I21 单元格。同理，选中 F22 单元格，使用最小值函数"=MIN(F3:F20)"算出语文"最低分"并用自动填充柄拖至 I22 单元格。

选中 F23 单元格，使用 COUNTIF 函数，参数如图 4-3 所示，计算出总分 340 分以上学生人数。选中 J11 单元格，右击插入批注，输入"总分最高分"，单击批注边框，右击"设置批注格式"，"颜色与线条"选项卡中颜色选择海螺色，如图 4-4 所示。

图 4-3　COUNTIF 函数参数配置

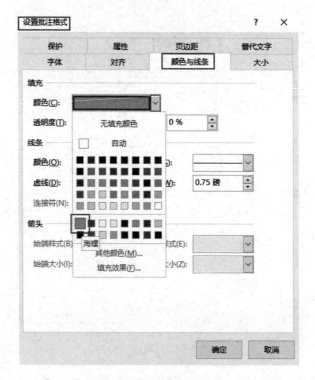

图 4-4　设置批注格式

（3）选中"F3:I20"，单击"开始"选项卡"样式"组中的"条件格式"下拉按钮，选择"突出显示单元格规则"中"小于 60"的选项为"浅红填充色深红色文本"。选中 L3 单元格，选择 RANK 函数，设置参数如图 4-5 所示（范围可利用 F4 设置绝对引用），并用自动填充柄拖曳至 L20，选中 L3:L20，设置条件格式数据条中的蓝色数据条即可。选中 M3 单元格，插入 IF 函数，编辑栏中输入"=IF(J3>340,"优秀",IF(J3>=300,"良好""中等"))"，或者对话框参数如图 4-6 所示。

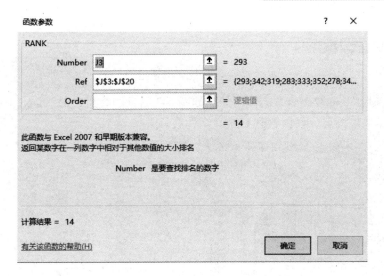

图 4-5　RANK 函数参数配置

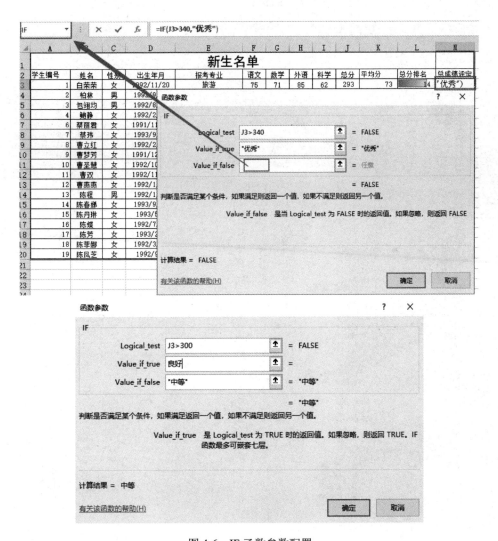

图 4-6　IF 函数参数配置

实训 2　数据管理技术

【题目】

打开 C:\素材\"Excel2.xlsx"文件，参照如图 4-7 所示的效果，对 Sheet1 中的表格按以下要求操作，将结果以同名文件保存到 C:\KS 文件夹。

序号	工号	部门	姓名	性别	职位	基本工资	岗位工资	绩效工资	扣款	应发工资
排序表										
6	100001	市场部	孙丽萍	女	部门经理	7500	5000	3700	2320	13880
20	100002	市场部	刘伟宏	男	项目经理	6500	3500	2500	2100	10400
15	100117	市场部	林玲玲	女	职员	4500	1500	1500	950	6550
5	100105	市场部	王海	男	职员	4500	1500	1500	1200	6300
16	100111	市场部	王伟	男	职员	4400	1000	1000	750	5650
2	200001	销售部	苏嘉宁	男	部门经理	7800	5000	4500	2400	14900
17	200002	销售部	刘美玲	女	项目经理	6000	3500	4200	1800	11900
10	200102	销售部	刘志敏	女	职员	4700	1500	1700	1050	6850
3	200108	销售部	李妍婷	女	职员	4800	1800	1500	1300	6800
9	200106	销售部	张平安	男	职员	4600	1500	700	900	5900
12	200101	销售部	王天赐	男	职员	4800	1000	800	950	5650
18	200128	销售部	张洋	男	职员	4300	1000	500	400	5400
1	300001	研发部	王俊波	男	部门经理	8000	5000	2500	2500	13000
4	300002	研发部	李述	男	项目经理	7500	4000	1000	1350	11150
11	300003	研发部	王丽华	女	项目经理	6700	4000	1500	1100	11100
14	300004	研发部	朱佳英	女	项目经理	5600	4000	1500	1300	9800
7	300121	研发部	何霞	女	职员	4800	2000	2000	930	7870
8	300122	研发部	吴小娟	女	职员	5600	1500	1500	950	7650
13	300111	研发部	刘志祥	男	职员	5400	1500	1000	700	7200
19	300124	研发部	王丽平	女	职员	4700	1000	1500	200	7000

（1）排序效果

序号	工号	部门	姓名	性别	职位	基本工资	岗位工资	绩效工资	扣款	应发工资
筛选表										
4	300002	研发部	李述	男	项目经理	7500	4000	1000	1350	11150
11	300003	研发部	王丽华	女	项目经理	6700	4000	1500	1100	11100
17	200002	销售部	刘美玲	女	项目经理	6000	3500	4200	1800	11900
20	100002	市场部	刘伟宏	男	项目经理	6500	3500	2500	2100	10400

（2）筛选效果

序号	工号	部门	姓名	性别	职位	基本工资	岗位工资	绩效工资	扣款	应发工资
某公司部分职工工资表										
6	100001	市场部	孙丽萍	女	部门经理	7500	5000	3700	2320	13880
20	100002	市场部	刘伟宏	男	项目经理	6500	3500	2500	2100	10400
15	100117	市场部	林玲玲	女	职员	4500	1500	1500	950	6550
5	100105	市场部	王海	男	职员	4500	1500	1500	1200	6300
16	100111	市场部	王伟	男	职员	4400	1000	1000	750	5650
		市场部 最大值								13880
		市场部 平均值								8556
2	200001	销售部	苏嘉宁	男	部门经理	7800	5000	4500	2400	14900
17	200002	销售部	刘美玲	女	项目经理	6000	3500	4200	1800	11900
10	200102	销售部	刘志敏	女	职员	4700	1500	1700	1050	6850
3	200108	销售部	李妍婷	女	职员	4800	1800	1500	1300	6800
9	200106	销售部	张平安	男	职员	4600	1500	700	900	5900
12	200101	销售部	王天赐	男	职员	4800	1000	800	950	5650
18	200128	销售部	张洋	男	职员	4300	1000	500	400	5400
		销售部 最大值								14900
		销售部 平均值								8200
1	300001	研发部	王俊波	男	部门经理	8000	5000	2500	2500	13000
4	300002	研发部	李述	男	项目经理	7500	4000	1000	1350	11150
11	300003	研发部	王丽华	女	项目经理	6700	4000	1500	1100	11100
14	300004	研发部	朱佳英	女	项目经理	5600	4000	1500	1300	9800
7	300121	研发部	何霞	女	职员	4800	2000	2000	930	7870
8	300122	研发部	吴小娟	女	职员	5600	1500	1500	950	7650
13	300111	研发部	刘志祥	男	职员	5400	1500	1000	700	7200
19	300124	研发部	王丽平	女	职员	4700	1000	1500	200	7000
		研发部 最大值								13000
		研发部 平均值								9346.25
		总计最大值								14900
		总计平均值								8747.5

（3）分类汇总效果

图 4-7　实训 2 最终效果

序号	工号	部门	姓名	性别	职位	基本工资	岗位工资	绩效工资	扣款	应发工资
1	300001	研发部	王俊波	男	部门经理	8000	5000	2500	2500	13000
2	200001	销售部	苏嘉宁	男	部门经理	7800	5000	4500	2400	14900
3	200108	销售部	李妍婷	女	职员	4800	1800	1500	1300	6800
4	300002	研发部	李述	男	项目经理	7500	4000	1000	1350	11150
5	100105	市场部	王海	男	职员	4500	1500	1500	1200	6300
6	100001	市场部	孙丽萍	女	部门经理	7500	5000	3700	2320	13880
7	300121	研发部	何霞	女	职员	4800	2000	2000	930	7870
8	300122	研发部	吴小娟	女	职员	5600	1500	1500	950	7650
9	200106	销售部	张平安	男	职员	4600	1500	700	900	5900
10	200102	销售部	刘志敏	女	职员	4700	1500	1700	1050	6850
11	300003	研发部	王丽华	女	项目经理	6700	4000	1500	1100	11100
12	200101	销售部	王天赐	男	职员	4800	1000	800	950	5650
13	300111	研发部	刘志祥	男	职员	5400	1500	1000	700	7200
14	300004	研发部	朱佳英	女	项目经理	5600	4000	1500	1300	9800
15	100117	市场部	林玲玲	女	职员	4500	1500	1500	950	6550
16	100111	市场部	王伟	男	职员	4400	1000	1000	750	5650
17	200002	销售部	刘美玲	女	职员	6000	3500	4200	1800	11900
18	200128	销售部	张洋	男	职员	4300	1000	500	400	5400
19	300124	研发部	王丽平	女	职员	4700	1000	1500	200	7000
20	100002	市场部	刘伟宏	男	项目经理	6500	3500	2500	2100	10400

平均值项:应发工资	列标签		
行标签	部门经理	项目经理	职员
市场部	13,880.0	10,400.0	6,166.7
销售部	14,900.0	11,900.0	6,120.0
研发部	13,000.0	10,683.3	7,430.0
总计	13,926.7	10,870.0	6,568.3

（4）数据透视表效果

图 4-7　实训 2 最终效果（续）

（1）将 Sheet1 表中的数据按部门升序、应发工资降序进行排序，并重命名为"排序表"。

（2）将 Sheet2 表中应发工资 1 万元以上的项目经理筛选出来，并重命名为"筛选表"。

（3）将排序表复制一份，并重命名为"分类汇总表"，按"部门"对"应发工资"进行平均值的分类汇总，再次按"部门"对"应发工资"进行最大值的分类汇总。

（4）在 Sheet3 表的 A24 起始位置处创建数据透视表，要求以"部门"为行标签，"职位"为列标签，求应发工资的平均值，所有结果保留 1 位小数，设置千位分隔符，总计设置为"仅对列启用"。最后将表重名为"数据透视表"。

【操作步骤】

（1）打开"Excel2.xlsx"文件，选中 Sheet1 的 A2:K22，单击"开始"选项卡的"编辑"组中"排序和筛选"下拉按钮，选择"排序"，添加条件增加"次要关键字"，参数设置如图 4-8 所示。双击 Sheet1 工作表标签，在表标签选中区域直接输入"排序表"。

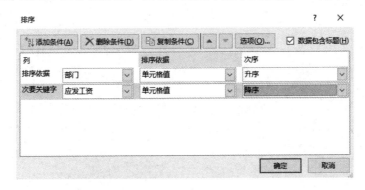

图 4-8　排序设置

（2）切换到 Sheet2 表，单击"开始"选项卡的"编辑"组中"排序和筛选"下拉按钮，选择"筛选"，A2:K2 每个字段后新增筛选器。单击"职位"筛选器，取消勾选"部门经理"和"职员"复选框。单击"应发工资"筛选器，选择"数字筛选/大于"，参数设置"大于 10000"

即可。右击 Sheet2 工作表标签菜单栏选择"重命名",在表标签选中区域直接输入"筛选表"。

(3)按住 Ctrl 键不放,左击排序表不放直至黑色三角形移动至表右侧,松开鼠标左键,即复制好一份排序表,并重名为"分类汇总表"。单击"数据"选项卡的"分级显示"组中"分类汇总",第一次分类汇总参数和第二次分类汇总参数分别如图 4-9 所示,注意:第二次分类汇总取消勾选"替换当前分类汇总"复选项。

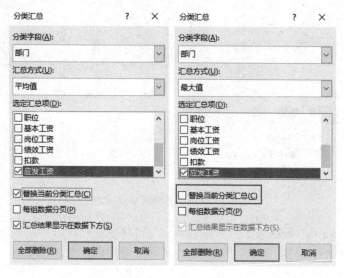

图 4-9 两次分类汇总参数设置

(4)选中 Sheet3 表的 A24 单元格,单击"插入"选项卡的"表格"组中"数据透视表",选择 A2:K22 区域后参数如图 4-10 所示。将"部门"拖曳到行标签,将"职位"拖曳到列标签,将"应发工资"拖曳到值区域,并左击"求和项:应发工资"选择"值字段设置",值字段汇总方式选择平均值,数字格式修改:数值结果保留 1 位小数,设置千位分隔符。单击"数据透视表工具"的"设计"选项卡的"布局"组中"总计"下拉按钮,选择"仅对列启用",如图 4-11 所示。重命名表为"数据透视表"。

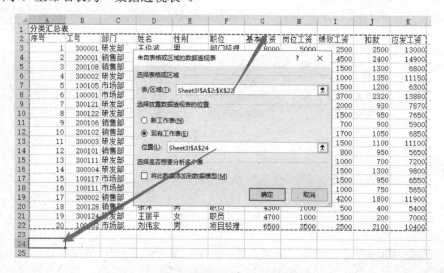

图 4-10 数据源和存放位置

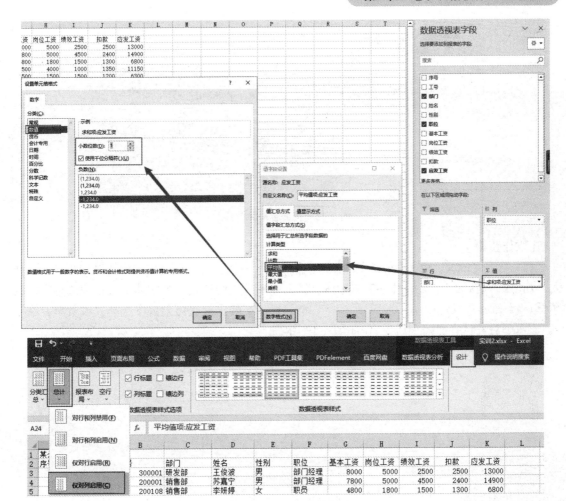

图 4-11 数据透视表设置

实训 3 数据可视化技术（图表）

【题目】

打开 C:\素材\ "Excel3.xlsx" 文件，参照如图 4-12 所示的效果，对 Sheet1 中的表格按以下要求操作，将结果以同名文件保存到 C:\KS 文件夹。

（1）在第 1 行前插入 1 个空行，输入标题文字 "某学院近 5 年招收人数"，并将 A1:C1 区域的单元格跨列居中。将标题文字设为黑体、14 磅，其他文字设为宋体、12 磅。表内数据居中对齐，将表格 A1:C7 区域的外边框设为 "双实线"，内边框设为 "单虚线"。

（2）用公式计算出每年招生人数增长率=（第二年人数-第一年人数）/ 第一年人数，并用百分数表示，不保留小数位。

（3）在 Sheet1 中的 D2:J16 区域，创建近 5 年招生人数的 "簇状柱形图" 及增长率的 "带数据标记的折线图"（次坐标轴）的组合图，标题为 "某学院近 5 年招收人数"。图表样式套用 "样式 4"，设置快速布局为 "布局 2"。设置绘图区外部右上斜偏移阴影。图表区采用默认色渐变填充、边框圆角。

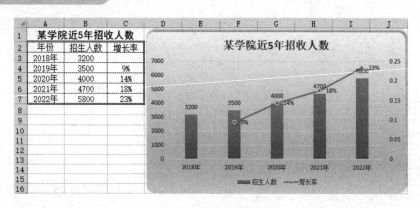

图 4-12　实训 3 最终效果

【操作步骤】

（1）打开"Excel3.xlsx"素材文件，选中第 1 行，右击鼠标，在弹出的快捷菜单中选择"插入"命令插入新的一行。选中 A1 单元格，输入标题后选中标题，在字体工具栏中选择字体为黑体、14 号；连续选中 A1:C1 单元格，右击鼠标，在弹出的快捷菜单中选择"设置单元格格式"，水平对齐选择"跨列居中"，如图 4-13 所示。

图 4-13　设置跨列居中

选中 A2:C7，选择"开始"选项卡的"对齐方式"组中的"居中对齐"。单击"开始"选项卡的"字体"组中的 ⊞ 下拉按钮，选择"其他边框"，将表格 A1:C7 区域的外边框设为"双实线"，内边框设为"单虚线"，如图 4-14 所示。

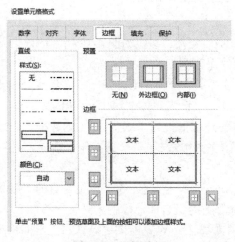

图 4-14　设置边框

（2）选中 C4 单元格，输入"=(B4-B3)/B3"，按回车键，计算出 2019 年相对于 2018 年的招生增长率，单击"开始"选项卡的"数字"组中百分号和减少小数位，使结果满足题意。

（3）选中 A2:C7，单击"插入"选项卡的"图表"组中 ，选择"所有图表"中的"组合图"，增长率的图表类型改为"带数据标记的折线图"，勾选"次坐标轴"复选框，如图 4-15 所示，将生成的图表放在 Sheet1 中的 D2:J16 区域。

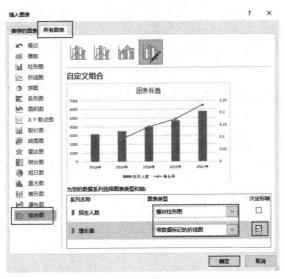

图 4-15 组合图

（4）双击图表标题改为"某学院近 5 年招收人数"。选中图表，单击菜单栏出现的"图表工具"的"图表设计"选项卡的"图表样式"组中的"样式 4"。单击"图表布局"组中的"快速布局"下拉按钮，选择"布局 1"。

双击图表，设置图表区格式，单击"效果 "中的"阴影"下拉按钮，选择"预设"中的"外部偏移右"。单击"填充与线条 "中的"填充"下拉按钮，选中"渐变填充"单选按钮。单击"填充与线条 "中的"边框"下拉按钮，勾选"圆角"复选框，如图 4-16 所示。

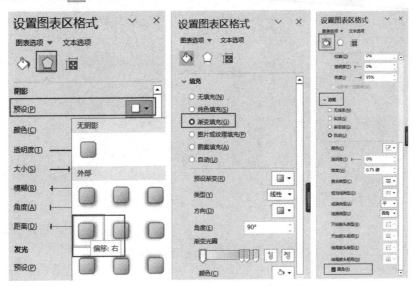

图 4-16 设置图表区格式

实训 4 综合练习

【题目】

打开 C:\素材\ "Excel4.xlsx" 文件, 参照如图 4-17 所示的效果, 对 Sheet1 中的表格按以下要求进行操作, 将结果以同名文件保存到 C:\KS 文件夹。

(1) 在第 1 行前插入 1 个空行, 输入标题文字 "职工登记表", 再对 A1:K1 区域的单元格合并居中。将标题文字设为黑体、18 磅。将表格的外边框设为 "双实线", 内边框设为 "单实线"。

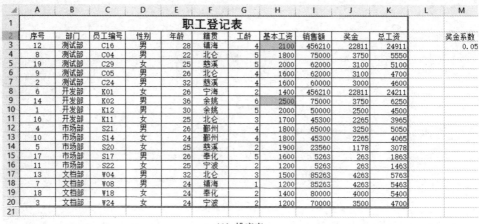

(1) 排序表

(2) 筛选表

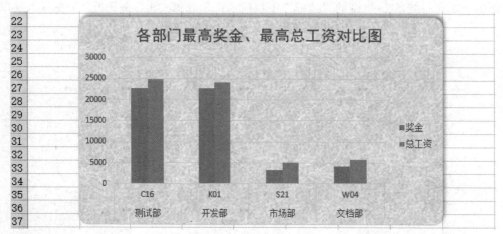

(3) 图表

图 4-17 实训 4 最终效果

奖金系数
0.05

行标签	平均值项:总工资	最大值项:奖金
测试部	8972	22811
开发部	9731	22811
市场部	3104	3250
文档部	5332	4263
总计	6702	22811

字段列表
将字段拖动至数据透视表区域
- ☐ 序号
- ☑ 部门
- ☐ 员工编号
- ☐ 性别
- ☐ 年龄
- ☐ 籍贯
- ☐ 工龄
- ☐ 基本工资
- ☐ 销售额
- ☑ 奖金
- ☑ 总工资

数据透视表区域
在下面区域中拖动字段

▼ 筛选器	‖ 列
	Σ值 ▼

▤ 行	Σ 值
部门 ▼	平均值项:总工资 ▼
	最大值项:奖金 ▼

（4）数据透视表

分类汇总表

序号	部门	员工编号	性别	年龄	籍贯	工龄	基本工资	销售额	奖金	总工资		奖金系数
12	测试部	C16	男	28	镇海	4	2100	456210	22811	24911		0.05
8	测试部	C04	男	22	北仑	5	1800	75000	3750	5550		
19	测试部	C29	女	25	慈溪	5	2000	62000	3100	5100		
9	测试部	C05	男	26	北仑	4	1600	62000	3100	4700		
2	测试部	C24	男	32	慈溪	4	1600	60000	3000	4600		
	测试部 平均值									8972		
6	开发部	K01	女	26	宁海	2	1400	456210	22811	24211		
14	开发部	K02	男	36	余姚	6	2500	75000	3750	6250		
1	开发部	K12	男	30	余姚	5	2000	62000	2500	4500		
16	开发部	K11	女	25	北仑	3	1700	45300	2265	3965		
	开发部 平均值									9731		
4	市场部	S21	男	26	鄞州	4	1800	65000	3250	5050		
10	市场部	S14	女	24	鄞州	4	1800	45300	2265	4065		
5	市场部	S15	女	25	慈溪	2	1900	23560	1178	3078		
17	市场部	S17	男	26	奉化	5	1600	5263	263	1863		
11	市场部	S22	女	25	宁波	2	1200	5263	263	1463		
	市场部 平均值									3104		
13	文档部	W04	男	32	北仑	3	1500	85263	4263	5763		
7	文档部	W08	男	24	镇海	1	1200	85263	4263	5463		
18	文档部	W18	女	24	奉化	2	1400	80000	4000	5400		
3	文档部	W24	女	24	宁波	2	1200	70000	3500	4700		
	文档部 平均值									5332		
	总计平均值									6702		

（5）分类汇总表

图4-17　实训4最终效果（续）

（2）使用条件格式功能，将所有基本工资≥2000元的数字颜色设为浅红色填充深红色文本。用公式计算出所有员工的"奖金"，奖金=销售额×奖金系数（奖金系数：0.05，采用绝对引用）。用公式计算出所有员工的总工资，总工资=基本工资+奖金，所有结果保留2位小数。

（3）将Sheet1按部门升序、总工资降序进行排序。复制Sheet1表并重命名为"筛选表"，筛选出测试部和开发部总工资在平均值以上的员工。

（4）复制 Sheet1 表并重命名为"透视表"，在透视表中的 M15 起始位置处创建数据透视表，要求以"部门"为行标签来统计总工资的平均值和奖金的最大值。

复制 Sheet1 表并重命名为"图表"，在 B22:H37 区域建立如最终效果所示图表，添加标题"各部门最高奖金、最高总工资对比图"，黑体、16 磅、红色。设置绘图区外部右上斜偏移阴影。图表区采用"蓝色面巾纸"纹理填充、边框圆角。

复制 Sheet1 表并重命名为"分类汇总表"，利用分类汇总求出各部门总工资的平均值，结果不保留小数位。

【操作步骤】

（1）打开"Excel4.xlsx"文件，选中第 1 行，右击鼠标，在弹出的快捷菜单中选择"插入"命令插入新的一行。选中 A1 单元格，输入标题，在字体工具栏中选择字体为黑体、18 磅；连续选中 A1:K1 区域单元格，选择"开始"选项卡的"对齐方式"组中"合并后居中"；并单击"字体"组中的 ⊞ 下拉按钮，选择"其他边框"，将表格 A1:K20 区域的外边框设为"双实线"，内边框设为"单实线"。

（2）选择 H3:H20 区域单元格，单击"开始"的选项卡"样式"组中"条件格式"下拉按钮，选择"突出显示单元格规则"中"大于或等于"2000 的数值设为浅红色填充深红色文本。选中 J3 单元格，输入"=I3*L3"，拖曳自动填充柄至 J20。选中 K3 单元格，输入"=H3+J3"，拖曳自动填充柄至 K20。选中 J3:J20 和 K3:K20，右击"设置单元格格式"，设置数值为保留 2 位小数。

（3）先选中 A2:K20，单击"开始"选项卡的"编辑"组中"排序和筛选"下拉按钮，选择"排序"，添加条件增加"次要关键字"，参数设置如图 4-18 所示。

复制 Sheet1 表并双击标签重命名为"筛选表"，单击"开始"选项卡的"编辑"组中"排序和筛选"下拉按钮，选择"筛选"，A2:K2 每个字段后新增筛选器。单击"部门"筛选器，取消勾选"市场部"和"文档部"；单击"总工资"筛选器，选择"数字筛选"中的"高于平均值"，如图 4-19 所示，即可筛选出测试部和开发部总工资在平均值以上的员工。

图 4-18　排序设置

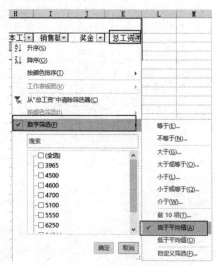

图 4-19　筛选设置

（4）复制 Sheet1 表并双击标签重命名为"数据透视表"，选中 M2 单元格，单击"插入"

选项卡的"表格"组中"数据透视表",选中A2:K22区域。将"部门"拖曳到行标签,将"总工资"和"奖金"拖曳到值区域,并左击"求和项:总工资"选择"值字段设置",值字段汇总方式选择平均值,左击"求和项:奖金"选择"值字段设置",值字段汇总方式选择最大值。

复制Sheet1表并双击标签重命名为"图表",选中B2后按住Ctrl键,再依次选中C2、J2、K2;B3、C3、J3、K3;B8、C8、J8、K8;B12、C12、J12、K12;B17、C17、J17、K17。双击添加标题"各部门最高奖金、最高总工资对比图",设置黑体、16磅、红色。双击图表打开"设置图表区格式"。设置绘图区外部右上斜偏移阴影。图表区选择"蓝色面巾纸"纹理填充、边框圆角。

复制Sheet1表并双击标签重命名为"分类汇总表",选择"数据"选项卡的"分级显示"组中的"分类汇总",分类字段为部门,汇总方式为平均值,选定汇总项为总工资,即可求出各部门总工资的平均值。

4.2　同步练习

练习1

打开C:\练习题\"Excel C.xlsx"文件,参照如图4-20所示的效果,对Sheet1表格按如下要求进行操作,将结果以同名文件保存到指定文件夹。

(1)将标题文字设置为:黑体、14磅。合并A1:H1单元格,并设置对齐方式为"水平垂直居中",行高为30。

(2)在最高值一行中利用Max函数计算每月最大降雨量(数值型,保留2位小数);在最小值一行中利用Min函数计算每月最小降雨量(数值型,保留2位小数)。利用条件格式,在B3:G7区域找出一月到六月中降雨量介于150mm与200mm之间的月份,并设置格式为红色文本。

(3)将各地区的降雨情况制成折线图,添加标题"某省部分地区上半年降雨量统计",设置为红色、加粗、12号。计算每个地区的平均值,并将平均值制成柱形图,添加标题"某省上半年降雨平均值统计图　",字体大小10号,设置图填充色(与最终效果接近即可)。

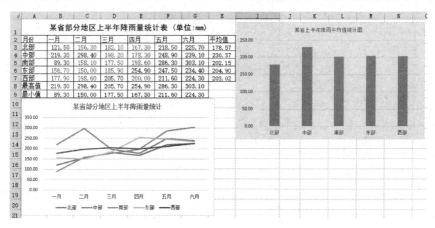

图4-20　练习1最终效果

练习2

打开 C:\练习题\ "Excel D.xlsx" 文件，参照如图 4-21 所示的最终效果，对 Sheet1 表格按如下要求进行操作，将结果以同名文件保存到指定文件夹。

（1）设置表格标题为：宋体、16 磅、粗体，在 A1:E1 区域合并后居中，并设置表格的边框线（外边框线为粗匣、绿色线，内部为绿色、细虚线）；A1:E1 单元格区域设置浅绿色底纹背景。

（2）按职称升序排序。对数据进行分类汇总，分类字段为"职称"，汇总方式为"平均值"，选定汇总项为"基本工资、奖金、补贴"，保留 1 位小数，汇总结果以 2 级方式显示。

（3）在 A29:G44 单元格区域插入三维簇状柱形图，添加标题"工资明细平均值对比图"，设置图标标题为右下斜阴影和紧密映像的文本效果。图表区填充为"浅色渐变、个性色 6"，类型：线性；方向：线性向下；角度：90°。

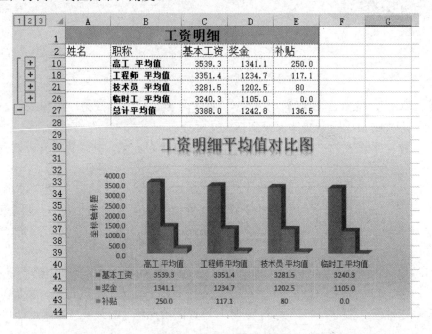

图 4-21 练习 2 最终效果

第5章

演示文稿软件 PowerPoint 2016

知识点

1. 幻灯片中的对象

幻灯片中主要包括以下对象。

- 占位符：一张幻灯片通常由标题、文本、日期、页脚和数字等占位符组成。
- 文本：可以对文本的"字体""段落"和"背景"等进行设置。
- 表格、图片、剪贴画、SmartArt 图形及图表。
- 音频和视频。
- 逻辑节。

2. 幻灯片的编辑

- 幻灯片的编辑包括插入、移动、复制、删除幻灯片中的各种对象，并设置对象的格式等。
- 版面设置：可以使用鼠标或相关命令单独调整幻灯片中某个占位符的位置或大小。
- 页眉页脚：可以将自动更新的日期、单位名称、演讲者姓名及幻灯片编号添加在每张幻灯片中。

3. 幻灯片的设计

- 模板：PowerPoint 2016 模板文件的扩展名是.potx，模板中包含版式、主题颜色、主题字体、主题效果和背景样式。
- 母版：用于存储有关演示文稿的主题和幻灯片版式的信息，包括背景、颜色、字体、效果、占位符大小和位置等，每个母版可以拥有多个不同的版式，版式是构成母版的元素。
- 主题：对颜色、字体和效果等进行了合理的搭配。用户根据幻灯片的内容和风格选择主题，就可以为各幻灯片的内容应用相同的效果。
- 版式：指文字、图片、图表等元素在幻灯片中的布局方式。

● 背景：可以应用系统定义的背景样式或自定义背景样式。

4. 幻灯片的放映

● 幻灯片切换效果：指放映幻灯片时幻灯片之间的过渡效果，即从上一张幻灯片到下一张幻灯片的变换方式。

● 动画效果：PowerPoint 2016 提供了多种预设动画效果，可以为幻灯片中的文本、图片等对象设置动画效果。

● 超链接：可以为幻灯片中的文本或图片等对象创建超链接，创建链接后在放映幻灯片时，单击该对象将跳转到链接所指向的幻灯片进行播放。

● 动作按钮：创建动作按钮后，可将其设置为单击或经过该动作按钮时，链接到其他幻灯片或演示文稿、运行程序等。

● 自定义放映：可以按照用户建立的放映选项放映。

● 设置放映方式：可以设置放映类型、放映选项、放映幻灯片数量、换片方式等内容。

5.1 操作实训

实训 1 插入页眉页脚、图片、形状和 SmartArt

【题目】

启动 PowerPoint 2016，打开 C:\素材\PowerPoint1.pptx 文件，按下列要求操作，将结果以原文件名保存到 C:\KS 文件夹。

（1）删除第 2、7、10 张幻灯片。在每一张幻灯片下方插入日期和幻灯片编号，其中日期自动更新，日期格式为"月/日/年"。

（2）在第 3 张幻灯片右侧空白处插入图片素材 tu1.png，并适当调整大小和位置。设置第 7 张幻灯片左侧图片的图片样式为"棱台透视"。

（3）在第 4 张幻灯片左侧空白处插入形状"六边形"（提示：基本形状），设置六边形的高度为 8 厘米，宽度为 10 厘米。采用图片"tup2.png"形状填充。

（4）在演示文稿最后添加一个"标题和内容"幻灯片，插入 SmartArt："关系"中的"线性维恩图"，依次分别填入文字"神""舟""十""六""号"到 SmartArt 图形中。

【操作步骤】

（1）双击 PowerPoint1.pptx 文件，在 PowerPoint 2016 中打开此文件。选中第 2 张幻灯片，按 Ctrl 键的同时单击第 7 张、第 10 张幻灯片，然后按"Delete"键删除。

（2）单击"插入"选项卡的"文本"组中的"页眉和页脚"按钮，弹出"页眉和页脚"对话框，选择"幻灯片"选项卡，勾选"日期和时间"复选框，选中"自动更新"单选按钮，在"语言（国家/地区）"下拉列表中选择"英语（美国）"。在日期下拉列表中选择"月/日/年"样式。勾选"幻灯片编号"复选框，如图 5-1 所示，单击"全部应用"按钮，为所有幻灯片添加日期和时间及编号。

（3）选中第 3 张幻灯片，单击"插入"选项卡的"图像"组中的"图片"按钮，在展开的下拉列表中选择"此设备"，打开"插入图片"对话框，选择所需图片素材 tu1.png，单击"插入"按钮。适当调整图片大小和位置。

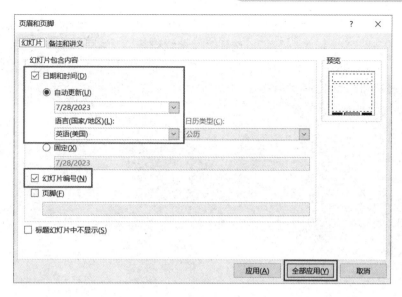

图 5-1　插入页眉和页脚

（4）选中第 4 张幻灯片左侧图片，选择"图片工具"浮动选项卡的"图片格式"，单击"图片样式"组下拉按钮，在展开的预设样式下拉列表中，选择"棱台透视"，如图 5-2 所示。

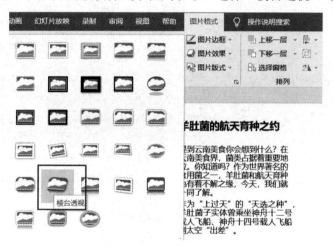

图 5-2　图片样式

（5）选中第 4 张幻灯片，单击"插入"选项卡的"插图"组中"形状"按钮，在展开的下拉列表中选择"基本形状"类型中的"六边形"，此时鼠标指针变成十字形状，在幻灯片左下角拖动绘制一个六边形。右击鼠标，在弹出的快捷菜单中选择"设置形状格式"，在打开的"设置形状格式"窗口中，选择"大小"，设置高度为 8 厘米，宽度为 10 厘米，如图 5-3 所示。

（6）在"绘图工具"浮动选项卡的"形状格式"中，单击"形状样式"组的"形状填充"下拉按钮，在展开的下拉列表中，选择"图片"。在弹出的"插入图片"对话框中，选择"tup2.png"，单击"插入"按钮。

（7）在演示文稿左侧的幻灯片窗格中，单击最后 1 张幻灯片或其下方，然后单击"开始"选项卡的"幻灯片"组中的"新建幻灯片"按钮，在展开的下拉列表选择"标题和内容"。

（8）在新幻灯片中单击"SmartArt"按钮，如图 5-4 所示。在打开的"选择 SmartArt 图形"对话框中，单击左侧类型中的"关系"，选择"线性维恩图"，单击"确定"按钮。在左侧"在此处添加标题"文本窗格中，依次输入文字"神"、"舟"、"十"、"六"，按回车键，增加同级形状，输入文字"号"，如图 5-5 所示。

图 5-3　设置形状格式

图 5-4　插入 SmartArt 图形

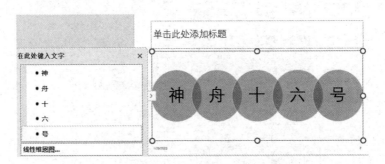

图 5-5　SmartArt 图形

实训 2　主题和插入超链接及设置自定义放映

【题目】

启动 PowerPoint 2016，打开 C:\素材\PowerPoint2.pptx 文件，按下列要求操作，将结果以原文件名保存到 C:\KS 文件夹。

（1）设置所有幻灯片的主题为"积分"。

（2）在第 2 张幻灯片的左下空白处插入"动作按钮：帮助"，单击鼠标超链接到"结束放映"，为右侧图片设置超链接到第 5 张幻灯片。

（3）在第 3 张幻灯片中，将正文第一段中的文本"空间技术"超链接到 URL 地址 http://www.baidu.com。设置"自定义放映 1"，其依次放映第 1、2、6 张幻灯片，设置第 1 张幻灯片中的标题文字"人工智能"与"自定义放映 1"链接。

（4）将超链接的文字颜色设为"标准色：红色"。将第6张幻灯片的正文转换为SmartArt："基本矩阵"，更改颜色为"彩色-个性色"，样式为"金属场景"。

【操作步骤】

（1）打开此文件在PowerPoint 2016中双击PowerPoint2.pptx文件。单击"设计"选项卡的"主题"组中的"其他"按钮，在展开的下拉列表中选择"积分"主题样式，如图5-6所示。

（2）单击"插入"选项卡的"插图"组中"形状"下拉按钮，在打开的下拉列表中选择"动作按钮"类别中的"帮助"（倒数第二个），如图5-7所示。

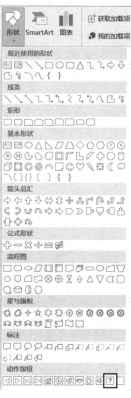

图5-6 设置主题 　　　　　图5-7 动作按钮

（3）鼠标指针变成十字形状，在幻灯片左下角拖动绘制一个帮助动作按钮，此时自动弹出"操作设置"对话框，在"单击鼠标"选项卡中，选择"超链接到"，在下拉列表中选择"结束放映"，如图5-8所示，单击"确定"按钮。

（4）选中幻灯片右侧图片，在"插入"选项卡的"链接组"中，单击"链接"按钮，在弹出的"插入超链接"对话框中，在左侧"链接到"列表框中单击"本文档中的位置"按钮，在中间"请选择文档中的位置"列表框中选择第5张幻灯片，如图5-9所示，单击"确定"按钮。

（5）选中第3张幻灯片中的文本"空间技术"4个字，右击鼠标，在弹出的快捷菜单中选择"超链接"，在弹出的"插入超链接"对话框中，在左侧"链接到"列表中单击选择"现有文件或网页"，在"地址"文本框中输入"http://www.baidu.com"，单击"确定"按钮。

（6）单击"幻灯片放映"选项卡的"开始放映幻灯片"组中的"自定义幻灯片放映"下拉按钮，选择"自定义放映"。在弹出的"自定义放映"对话框中，单击"新建"按钮，弹出"定义自定义放映"对话框，在左侧"在演示文稿中的幻灯片"中勾选第1、2、6张幻灯片，再单击中间的"添加"按钮，则将选定的幻灯片添加到右侧"在自定义放映中的幻灯片"列表框中，如图 5-10 所示，单击"确定"按钮。在"自定义放映"对话框，单击"关闭"按钮。

图 5-8　动作按钮设置

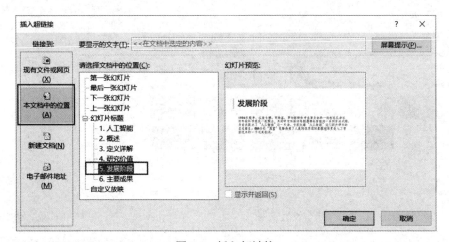

图 5-9　插入超链接

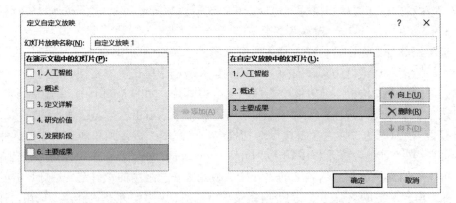

图 5-10　自定义放映

（7）选中第 1 张幻灯片标题文字"人工智能"，右击鼠标，从弹出的快捷菜单中选择"超链接"，弹出"插入超链接"对话框。在左侧"链接到"列表中单击"本文档中的位置"按钮，选择"自定义放映 1"，单击"确定"按钮。

（8）单击"设计"选项卡的"变体"组中"其他"按钮，在展开的下拉列表中，选择的"颜色"，在打开的子列表中选择"自定义颜色"，弹出"新建主题颜色"对话框。在对话框中，单击"超链接"下拉按钮，选择颜色为"标准色"中的"红色"，如图 5-11 所示，单击"保存"按钮。

图 5-11　设置链接颜色

（9）选中第 6 张幻灯片的正文文字，右击鼠标，在快捷菜单中选择"转换为 SmartArt"中的"其他 SmartArt 图形"，如图 5-12 所示。

图 5-12　转换为 SmartArt

（10）在打开的"选择 SmartArt 图形"对话框中，单击左侧类型中的"矩阵"，选择"基本矩阵"，如图 5-13 所示，单击"确定"按钮。

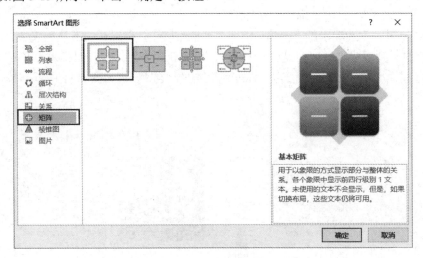

图 5-13　SmartArt 图形

（11）在"SmartArt 工具"浮动选项卡的"SmartArt 设计"中，单击"SmartArt 样式"组中"更改颜色"下拉按钮，在展开的预设颜色下拉列表中，选择"彩色"类型为"彩色-个性色"。单击"SmartArt 样式"组中其他按钮，在展开的样式中，选择"金属场景"样式，如图 5-14 所示。

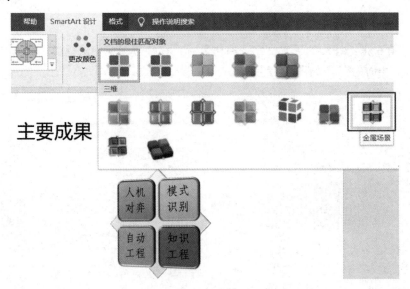

图 5-14　"金属场景"样式

实训 3　动画效果和放映方式

【题目】

启动 PowerPoint 2016，打开 C:\素材\PowerPoint3.pptx 文件，按下列要求操作，将结果以

原文件名保存到 C:\KS 文件夹。

（1）将第 3 张幻灯片移动到第 1 张幻灯片前面，在标题中输入"春分"，将字体格式设为"华文新魏、96 号、深蓝色、加粗"；将标题占位符设置为"细微效果-绿色，强调颜色 6"的快捷样式。将此幻灯片的背景格式设置为"斜纹布"的纹理填充，透明度为 50%。

（2）设置第 2 张幻灯片标题"节气介绍"的动画效果为"强调"类别中的"陀螺旋"，效果选项为"逆时针半旋转"。

（3）对第 2 张幻灯片左侧的正文设置"强调"类别中的"字体颜色"动画效果，效果选项为"作为一个对象"。设置右侧图片的动画效果为"进入"类别中的"弹跳"，从上一动画之后开始计时，持续时间为 01.00 秒。

（4）设置幻灯片的放映方式为"观众自行浏览（窗口）"。

【操作步骤】

（1）在 PowerPoint 2016 中双击 PowerPoint3.pptx 文件。选中第 3 张幻灯片，按住鼠标左键将其拖曳到第 1 张幻灯片的前面。然后在该幻灯片标题占位符中输入"春分"，在"开始"选项卡的"字体"组中将字体属性设为"华文新魏、96 号、深蓝色、加粗"；选中标题占位符，在浮动的"绘图工具"选项卡的"形状格式"中，单击"形状样式"组中的快速样式按钮，在展开的预设样式中选择"细微效果-绿色，强调颜色 6"。

（2）在此幻灯片空白处单击，单击"设计"选项卡的"自定义"组中的"设置背景格式"按钮。在打开的"设置背景格式"属性中，选中"图片或纹理填充"单选按钮，在"纹理"下拉列表中选择"斜纹布"（提示：第一行第三个），将透明度设置为"50%"，如图 5-15 所示。

图 5-15　设置幻灯片背景格式

（3）选中第 2 张幻灯片的标题"节气介绍"，单击"动画"选项卡的"动画"组中的下拉按钮，在展开的预设"动画效果"列表中选择"强调"类别中的"陀螺旋"动画效果。单击"效果选项"下拉菜单，选择方向为"逆时针"，份量为"半旋转"，如图 5-16 所示。在幻灯片中将自动预览动画效果，并在标题"节气介绍"的左上方显示数字序号 1。

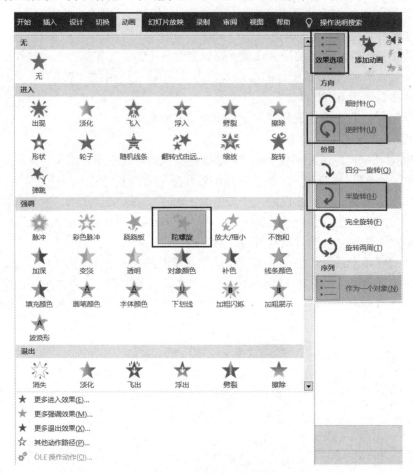

图 5-16　设置动画效果

（4）选中第 2 张幻灯片左侧正文，单击"动画"选项卡的"动画"组中的下拉按钮，在展开的预设"动画效果"列表中选择"强调"类别中的"字体颜色"动画效果。单击"效果选项"下拉菜单，选择"作为一个对象"。

（5）选中右侧图片，单击"动画"选项卡的"动画"组中的下拉按钮，在展开的预设"动画效果"列表中选择"动画"类别中的"弹跳"效果。在"计时"组中将开始设置为"上一动画之后"计时，持续时间设置为"01.00"秒，如图 5-17 所示。

图 5-17　动画效果

（6）单击"幻灯片放映"选项卡的"设置"组中的"设置幻灯片放映"按钮，在打开的"设置放映方式"对话框中，选中"观众自行浏览"单选项，如图5-18所示，单击"确定"按钮。

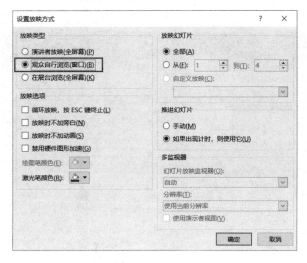

图5-18　设置放映方式

实训4　幻灯片版式、修改母版和幻灯片切换

【题目】

启动 PowerPoint 2016，打开 C:\素材\PowerPoint4.pptx 文件，按下列要求操作，将结果以原文件名保存到 C:\KS 文件夹。

（1）设置幻灯片大小为"宽屏（16:9）"。将第 1 张幻灯片的标题文字"爱护环境　人人有责"的艺术字样式设置为"填充：蓝色，主题色1，阴影"。

（2）将第3张幻灯片的版式设置为"标题和竖排文字"。设置当前版式的幻灯片母版格式：母版的标题文字颜色为"标准色：紫色"，母版的正文字体为"隶书"。

（3）为第2张幻灯片新增节，将节名称重命名为"环境问题"。将第2张幻灯片正文的所有项目符号由●改为✓。

（4）设置所有幻灯片的切换方式为"细微型"类别中的"形状"，效果选项为"放大"。

【操作步骤】

（1）双击 PowerPoint4.pptx 文件，在 PowerPoint 2016 中打开此文件。单击"设计"选项卡的"自定义"组中的"幻灯片大小"下拉列表，选择"宽屏（16:9）"，如图5-19所示。

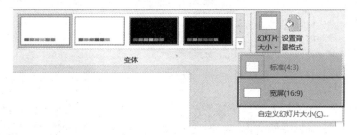

图5-19　设置幻灯片大小

（2）选中第 1 张幻灯片标题文字"保护环境 人人有责"，选择"绘图工具"浮动选项卡的"形状格式"，在"艺术字样式"组的"艺术字"下拉菜单中选择"填充：蓝色，主题色 1；阴影"，如图 5-20 所示。

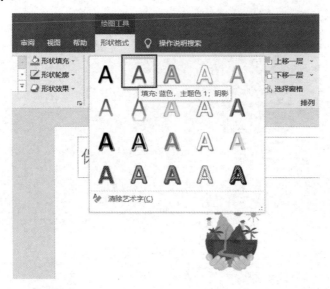

图 5-20　设置艺术字

（3）选中第 3 张幻灯片，单击"开始"选项卡的"幻灯片"组中的"版式"下拉菜单，选择"标题和竖排文字"，如图 5-21 所示。

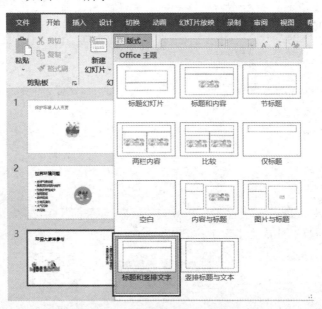

图 5-21　设置幻灯片版式

（4）单击"视图"选项卡中"母版视图"组中的"幻灯片母版"按钮，进入幻灯片母版视图。在左侧"幻灯片版式选择"窗格中，默认已选择"标题和竖排文字"版式（提示：倒数第 2 个）。在右侧"幻灯片母版编辑"窗口中，选中"单击此处编辑母版标题样式"占位符，在

"开始"选项卡的"字体"组中"字体颜色"下拉列表中选择"标准色：紫色"，如图5-22所示。

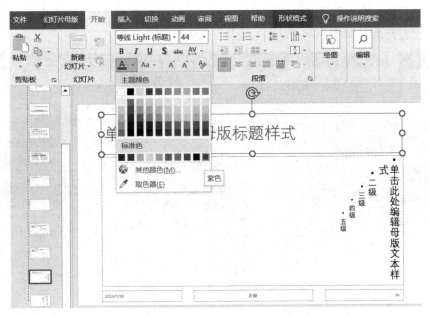

图5-22　设置母版格式

（5）选中母版标题下面的"单击此处编辑母版文本样式"占位符，单击"开始"选项卡的"字体"组中的"字体"下拉列表，选择"隶书"。单击"幻灯片母版"选项卡的"关闭"组中的"关闭母版视图"按钮，切换至普通视图。右击第3张幻灯片，在弹出的快捷菜单中选择"重设幻灯片"。如图5-23所示。

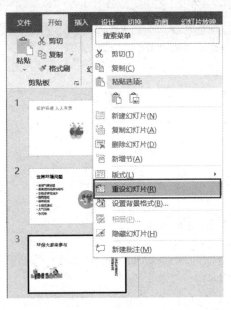

图5-23　重设幻灯片

（6）选中第2张幻灯片，单击"开始"选项卡的"幻灯片"组中的"节"下拉菜单，选择"新增节"。弹出的"重命名节"对话框，在"节名称"文本框中输入"环境问题"，单击"重命名"按钮。

（7）选择正文内容，单击"开始"选项卡的"段落"组中的"项目符号"下拉菜单，选择相应的项目符号样式，如图 5-24 所示。

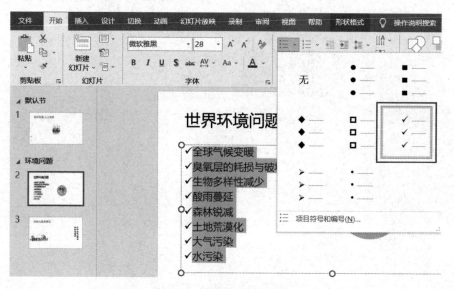

图 5-24　设置项目符号

（8）在"切换"选项卡的"切换到此幻灯片"组中，单击"切换到此幻灯片"的下拉按钮，从展开的预设"切换效果"列表中，选择"细微型"类别中的"形状"切换效果。再单击"效果选项"下拉菜单，选择"放大"选项。完成设置后，最后单击"计时"组中的"应用到全部"按钮，对所有幻灯片应用该切换效果，如图 5-25 所示。

图 5-25　设置切换方式

5.2　同步练习

练习1　演示文稿制作综合练习一

启动 PowerPoint 2016，打开 C:\素材\PPT1.pptx 文件，按下列要求完成各项操作，将结果以原文件名保存到 C:\KS 文件夹。

（1）设置幻灯片大小为"标准（4:3）"，按照比例缩小以确保合适。

（2）将演示文稿的主题设置为"丝状"，并将主题颜色更改为"蓝色"。

（3）在第 1 和第 2 张幻灯片之间设置一个新的节，节名称为"茶"。

（4）修改第 3 张幻灯片的版式为"内容与标题"，并在右侧占位符中插入"tu.jpg"图片文件，在左侧文本上方添加标题"特点"。

（5）对第 4 张幻灯片设置隐藏背景图形。

（6）为第 5 张幻灯片中的图片设置链接，网址为 http://www.xh**.org.cn/。为幻灯片中的标题文字"地理气候"建立超链接，超链接到第 2 张幻灯片。

（7）在第 6 张幻灯片的下方空白处插入"上一张"动作按钮，并为动作按钮建立超链接到上一张幻灯片。

（8）将第 8 张幻灯片正文文本转换成"列表"中的"垂直圆形列表"SmartArt 图形。

（9）设置"自定义放映 1"，其放映幻灯片的顺序依次为第 3、5、7 张幻灯片，将第 2 张幻灯片中的标题文字"简介"与"自定义放映 1"链接。

（10）修改超链接的文字颜色为"标准色：紫色"。

练习 2　演示文稿制作综合练习二

启动 PowerPoint 2016，打开 C:\素材\PPT2.pptx 文件，按下列要求完成各项操作，将结果以原文件名保存到 C:\KS 文件夹。

（1）删除第 4、5、10 张幻灯片。

（2）为第 1 张幻灯片的标题设置艺术字样式"填充蓝色，主题色 1；阴影"，字体为隶书，字号 72。

（3）在第 7 张幻灯片之后新建"标题和内容"版式幻灯片，插入 SmartArt 图形："循环"类型中"分段循环"，从左到右分别填入"食用""药用""欣赏"。将 SmartArt 样式设置为"三维"中的"嵌入"。

（4）为第 2 张幻灯片正文添加项目符号➢。设置第 2 张幻灯片右侧图片的图片样式为"金属圆角矩形"。

（5）修改第 3 张幻灯片的版式为"竖排标题与文本"。设置此版式的幻灯片母版格式：母版的标题文字格式设置为"华文彩云、60"，母版的正文文字颜色为"标准色：蓝色"。

（6）将第 4 张幻灯片主标题占位符形状样式设置为"细微效果-绿色，强调颜色 6"。将第 5 张幻灯片背景格式设置为"水滴"纹理填充，不透明度为 50%。

（7）除标题幻灯片外，为所有幻灯片插入幻灯片编号、自动更新的"日期和时间"（××××年×月）和页脚，页脚文字内容是"荷花"。

（8）将第 6 张幻灯片标题"荷花的习性"动画效果设置为"动作路径"类别中的"向上弧线"。设置左侧图片的动画效果为"进入"类别中的"翻转式由远及近"，从上一动画之后开始计时，持续时间为 02.00 秒。对右侧的正文设置"强调"类别中的"跷跷板"动画效果，效果选项为"按段落"。

（9）设置第 7 张幻灯片的切换为"华丽型"类别中的"立方体"，效果选项为"自顶部"。

（10）设置幻灯片的放映方式为"观众自行浏览"，并使用"循环播放，按 ESC 键终止"。

练习 3　演示文稿制作综合练习三

启动 PowerPoint 2016，打开 C:\素材\PPT3.pptx 文件，按下列要求完成各项操作，将结果以原文件名保存到 C:\KS 文件夹。

（1）将第 1 张幻灯片的主题设置为"离子会议室"。将第 2、3、4、5 张幻灯片的主题（除第 1 张幻灯片外）设置为"环保"，主题中文字体更改为"等线"。

（2）为第 4 张幻灯片插入页脚文字"弘扬工匠精神"。在右下角插入形状"上凸带形"（提示：星与旗帜类），宽度为 2 厘米，高度为 5 厘米，将最后一张幻灯片隐藏。

第6章

Photoshop 图像处理

考核要点

1. 图像的合成

（1）建立选区。

移动工具通常用于移动整张图片，部分内容选取则需要通过创建选区实现。选区是 Photoshop 的基本功能，用于选取图像和限制操作范围。可以运用选框工具（矩形、椭圆），套索工具（自由套索、多边形套索、磁性套索），魔棒工具，快速选择工具等方式，根据素材情况建立规则或不规则选区。

（2）选区的调整。

对选区的调整包括移动（移动工具或复制+粘贴），变换（Ctrl+T，大小、方向、位置改变），扩展，收缩，平滑处理，羽化功能（快捷键 Shift+F4），反选（快捷键 Shift+Ctrl+I）。

（3）选区的叠加。

Photoshop 的基本选择工具均有对原有选区进行相加、相减、相交的功能。可在属性选项中灵活使用，进而辅助创建复杂选区。

（4）选区的取消。

按 Ctrl+D 组合键是取消选区最快捷、有效的方法。

（5）图像大小调整。

按 Ctrl+T 组合键是自由变换的快捷方式，可快速实现图像内容的缩放、旋转、翻转等操作。

2. 图层应用

（1）图层的基本操作（新建、解锁、复制、移动、删除、隐藏、显示等）。

（2）图层混合模式应用（正片叠底、滤色、差值等）、图层不透明度和填充度的调整。

（3）图层样式应用（斜面和浮雕、投影、外发光、渐变叠加、描边等）。

3. 文字应用

（1）创建文字设置（字体、字号、颜色、字符间距、文字变形效果）。

（2）文字图层样式效果设置（描边、渐变叠加、投影、外发光等）。

（3）文字特殊效果（透明、空心等效果）。

4. 图像色彩调整

通过图像色彩调整改变图像的明暗对比、纠正色偏、改变图片局部色彩等提高图像画面质量。

5. 滤镜的使用

在相应图层上直接应用各种滤镜效果（画笔描边滤镜、纹理滤镜、渲染滤镜、艺术效果滤镜等）和滤镜库（风格化、画笔描边、扭曲、素描、纹理、艺术效果）。

6. 蒙版的应用

通过创建图层蒙版、黑白渐变工具产生朦胧半透明合成效果；也可通过创建对象选区直接生成特殊选区蒙版等。

7. 文件的保存

保存文件时单击"文件/存储为"命令，输入指定的文件名，选择指定的保存类型，然后单击"确定"按钮，弹出参数对话框，选择默认即可。

1）PSD 格式

PSD 格式是 Photoshop 默认的图像存储格式，能完整保留图层、通道、路径、蒙版等信息。

2）JPEG 格式

JPEG 格式是一个最有效、最基本的有损压缩格式，被大多数的图形处理软件所支持。其最大特色就是文件比较小，经过高位率的压缩，是目前所有格式中压缩率最高的格式。

6.1 操作实训

实训1 图像的合成

【题目】

打开 C:\素材文件夹中的"草莓.jpg""草莓横截面.jpg""水花.jpg"素材图片，参照示例，按要求完成各项操作，将结果以"水果切割效果.jpg"为文件名保存到 C:\KS 文件夹。

（1）新建一个 454 像素×600 像素的画布，给背景图层填充一个径向渐变特效（前景色#ff0000，背景色#ffffff）。

（2）打开"草莓.jpg"图片素材，将草莓合成到新建文件里，将草莓分割成 4 份，并调整其大小和位置。

（3）将"草莓横截面.jpg"图片素材拖曳合成到分割后的草莓块里。

（4）将"水花.jpg"的图片素材合成到草莓上，调整大小，复制一份后水平翻转，营造氛围感。最终效果如图 6-1 所示。

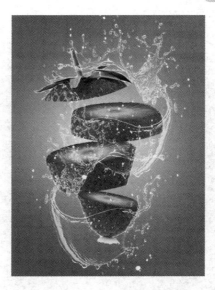

图 6-1 水果切割最终效果

【操作步骤】

（1）打开 Photoshop 软件，选择"文件/新建"菜单命令，新建一个 454 像素×600 像素、分辨率为 72 像素/英寸、颜色模式为 RGB 8 位的白色画布，如图 6-2 所示。设置前景色#ff0000，背景色#ffffff，在工具箱中选择"渐变工具"，设置渐变工具属性栏中的"前景色到背景色渐变""径向渐变""反向"等属性，按住鼠标左键从中心向外任意方向拖曳，给背景图层填充一个如图 6-3 所示的径向渐变特效。

（2）打开素材文件夹中的"草莓.jpg"，选择工具箱中的魔棒工具，单击图片白色背景部分，执行菜单栏"选择/反向"（Shift+Ctrl+I）命令，创建草莓选区。利用移动工具（或 Ctrl+C、Ctrl+V）将已创建的选区对象移动合成至新建文件中，执行菜单栏"编辑/自由变换"命令（Ctrl+T），按住 Shift 键等比例调整缩放草莓的大小及位置。

新建			×
名称(N):	水果切割		确定
文档类型:	自定		取消
大小:			存储预设(S)...
宽度(W):	454	像素	删除预设(D)...
高度(H):	600	像素	
分辨率(R):	72	像素/英寸	
颜色模式:	RGB 颜色	8 位	
背景内容:	白色		图像大小:
			798.0K
高级			
颜色配置文件:	工作中的 RGB: sRGB IEC619...		
像素长宽比:	方形像素		

图 6-2 新建画布

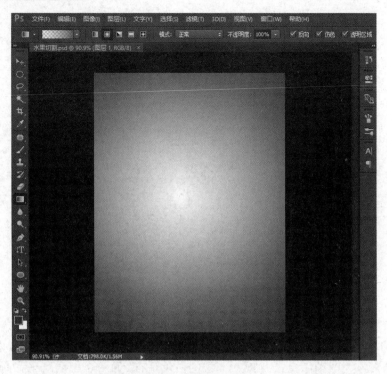

图 6-3　径向渐变

（3）选中草莓图层，在工具箱中选择"椭圆选框工具"，选取要做分割的部分，利用快捷键 Ctrl+Shift+J 剪切选区，暂时关闭已切割部分图层的眼睛图标，继续分割剩下部分，直至分割成 4 份，开启已切割部分图层的眼睛图标并调整位置，如图 6-4 所示。

图 6-4　草莓分割

（4）将草莓横截面图片素材拖曳到画布中，利用快捷键 Ctrl+T 自由变换使之与草莓横切面吻合。

（5）将水花图片素材拖曳到画布中，利用快捷键 Ctrl+T 改变水花大小和位置，再使用快捷键 Ctrl+J 复制一份，右击选择"水平翻转"，调整位置。

（6）制作效果如图 6-1 所示，执行"文件/存储为"菜单命令，将文件以"水果切割效果.jpg"格式保存至指定位置。

实训 2　文字应用、图层应用

【题目】

打开 C:\素材文件夹中的"中秋节背景图.jpg""嫦娥.jpg""月饼.jpg"素材图片，参照示例，按要求完成各项操作，将结果以"中秋节海报.jpg"为文件名保存到 C:\KS 文件夹。

（1）打开"中秋节背景图.jpg"，将图像大小调整为 1800 像素×1040 像素，将"嫦娥.jpg"和"月饼.jpg"素材中嫦娥和月饼合成至"实训 2 中秋节背景图.jpg"，适当调整大小。

（2）利用横排文字工具输入文字"中秋节"（字体：华文楷体，字号：150 点，白色，字符间距 100）。输入文字"八月十五"（字体：华文楷体，字号：50 点，黑色，"鱼形"变形文字效果）。

（3）利用竖排文字工具分别输入文字"但愿人长久""千里共婵娟"（字体：黑体，字号：40 点，黑色）。调整文字位置。

（4）为文字"中秋节"添加 5 像素外部"橙，黄，橙渐变"的描边，为"嫦娥"图层添加内阴影、斜面和浮雕图层样式，设置"月饼"图层混合模式为滤色。最终效果如图 6-5 所示。

图 6-5　中秋节海报最终效果

【操作步骤】

（1）打开 Photoshop 软件，执行"文件/打开"命令，打开素材文件夹中的"中秋节背景图.jpg""嫦娥.jpg""月饼.jpg"素材图片。

（2）选中"嫦娥.jpg"素材，选择工具箱中的魔棒工具，取消勾选"连续"，容差改为 10，单击图片白色背景部分，如有未选中选区，可利用"添加到选区"选项将未选中部分添加到选区中，如图 6-6 所示。执行"选择/反向"命令，创建嫦娥选区。利用工具箱中的移动工具，将已创建选区对象移动至"中秋节背景图.jpg"，执行"编辑/自由变换"菜单命令，按住 Shift 键等比例调整缩放"嫦娥"大小及位置，"月饼"合成操作相同。

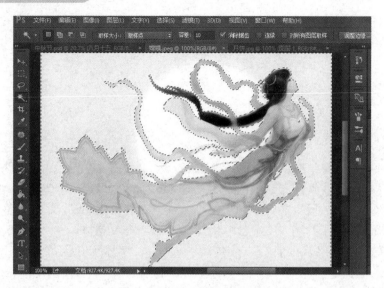

图 6-6　创建选区

（3）利用工具箱中的横排文字工具，设置字体为"华文楷体"，字号为"150 点"，白色，输入文字"中秋节"。设置字体为"华文楷体"，字号为"50 点"，黑色，输入文字"八月十五"，选择"创建文字变形"选项，将样式设置为"鱼形"文字效果，如图 6-7 所示。

图 6-7　文字变形

（4）利用工具箱中的竖排文字工具，设置字体为"黑体"，字号为"40 点"，黑色，分别输入文字"但愿人长久""千里共婵娟"，适当调整位置。

（5）选中"中秋节"图层，单击图层面板底部"fx"图标选择混合选项，添加描边图层样式，渐变颜色为"橙，黄，橙渐变"，其余参数默认。同样，为"嫦娥"图层添加内阴影、斜面和浮雕图层样式，参数默认，如图 6-8 所示。设置"月饼"图层混合模式为叠加，如图 6-9 所示。

（6）制作效果如图 6-5 所示，执行"文件/存储为"菜单命令，将文件以"中秋节海报.jpg"格式保存至指定位置。

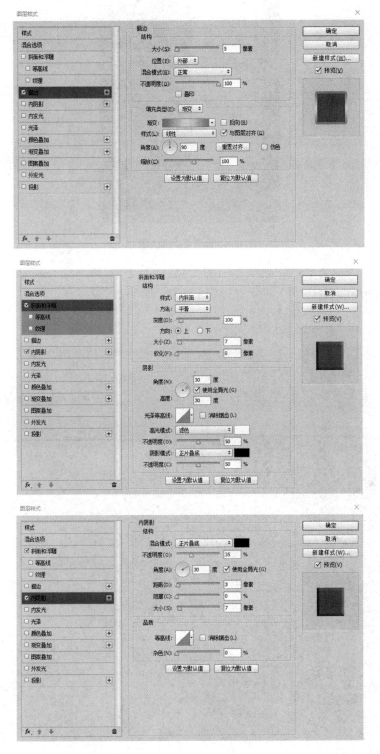

图 6-8　设置图层样式

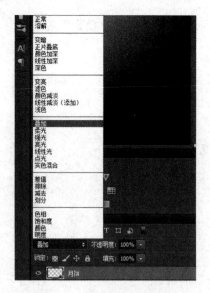

图 6-9　设置图层混合模式

实训 3　滤镜的应用

【题目】

打开 C:\素材文件夹中的"打伞的女孩.jpg"素材图片,参照示例,按要求完成各项操作,将结果以"下雨效果.jpg"为文件名保存到 C:\KS 文件夹。

(1)打开"打伞的女孩.jpg"图片素材,利用色彩平衡调整图像色彩,使其更符合下雨天的色调。

图 6-10　下雨最终效果

（2）新建图层，填充黑色，为该图层新增"添加杂色"（数量100%、高斯分布、单色）和"高斯模糊"（半径2.0像素）滤镜效果。

（3）调整新建图层的阈值（图像/调整），直至出现颗粒，并将图层混合模式设置为"滤色"。

（4）为新建图层增加"动感模糊"（角度-45度，距离50像素）滤镜效果，制作效果如图6-10所示。

【操作步骤】

（1）打开Photoshop软件，执行"文件/打开"菜单命令，打开素材文件夹中的"打伞的女孩.jpg"素材图片，按如图6-11所示操作"调整/色彩平衡"并设置相应参数。

（2）执行"图层/新建/图层"菜单命令，前景色设置成黑色，选择油漆桶工具，将该图层填充成黑色。

（3）执行"滤镜/杂色/添加杂色"菜单命令，参数设置为数量100%、高斯分布、单色；执行"滤镜/模糊/高斯模糊"菜单命令，半径设置为2.0像素。

（4）执行"图像/调整/阈值"菜单命令，阈值色阶参数可设置为115，并将该图层的图层混合模式改为"滤色"。

（5）执行"滤镜/模糊/动感模糊"菜单命令，角度设置为-45度，距离设置为50像素。以上各参数如图6-12所示。

（6）制作效果如图6-10所示，执行"文件/存储为"菜单命令，将文件以"下雨效果.jpg"为文件名保存至指定位置。

图6-11　添加色彩平衡及前后对比图

图 6-11　添加色彩平衡及前后对比图（续）

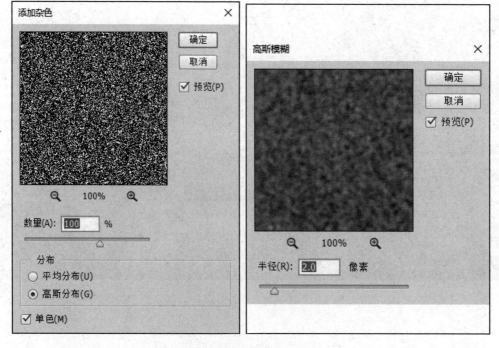

图 6-12　设置滤镜参数及阈值参数

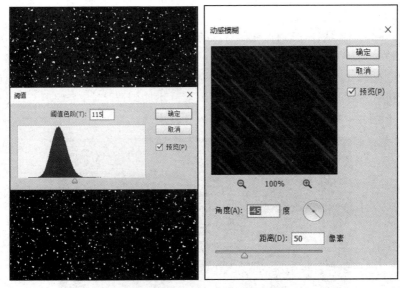

图 6-12　设置滤镜参数及阈值参数（续）

实训 4　综合应用

【题目】

打开 C:\素材文件夹中的"黑板.jpg""花朵.jpg"素材图片，参照示例，按要求完成各项操作，将结果以"制作粉笔字.jpg"为文件名保存到 C:\KS 文件夹。

（1）打开"黑板.jpg""花朵.jpg"图片素材，将花朵合成到黑板上，适当调整大小和位置，并为花朵添加"颗粒"滤镜效果。

（2）选择竖排文字工具，输入文字"不忘师恩""感恩有您"（字体：华文新魏，字号：70 点，背景色），将两个文字图层合并后添加大小为 5 像素的白色外部描边。

（3）新建一个白色背景的图层，添加 75%数量、高斯分布的"添加杂色"滤镜和角度 45 度、距离 30 像素的"动感模糊"滤镜。该图层混合模式改为"滤色"，并将该图层创建为剪贴蒙版。最终效果如图 6-13 所示。

图 6-13　制作粉笔字最终效果

【操作步骤】

（1）打开 Photoshop 软件，执行"文件/打开"命令，打开素材文件夹中的"黑板.jpg""花朵.jpg"素材图片。

（2）选中"花朵.jpg"素材，利用选择工具箱中的快速选择工具，选择花朵部分，如有未选中选区，可利用"添加到选区"选项将未选中部分添加到选区中，或利用"从选区中减去"选项将多余部分消除，直至选中花朵为止，如图 6-14 所示。

图 6-14 选择花朵选区

（3）选择竖排文字工具，设置字体为"华文新魏"，字号为"70 点"，字体颜色用吸管吸取背景色，依次输入文字"不忘师恩""感恩有您"，调整位置后，同时选中两个图层，按快捷键 Ctrl+E 合并图层。双击新图层，添加大小为 5 像素的白色外部描边，如图 6-15 所示。

图 6-15 设置文字图层

（4）单击图层面板底部" "图标，创建一个新图层，前景色设置为白色后选择油漆桶工具，单击生成白色背景图层。添加75%数量、高斯分布的"添加杂色"滤镜和角度45度、距离30像素的"动感模糊"滤镜。

（5）将该图层混合模式改为"滤色"，不透明度设置为60%。右击该图层选择"创建剪贴蒙版"，如图6-16所示。

（6）最后制作效果如图6-13所示，执行"文件/存储为"菜单命令，将文件以"制作粉笔字.jpg"格式保存至指定位置。

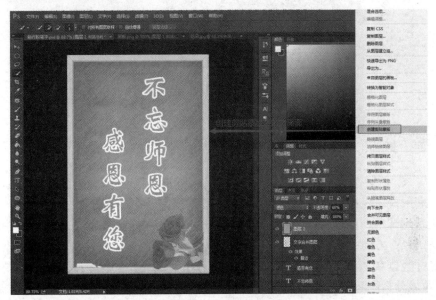

图6-16 创建剪贴蒙版

6.2 同步练习

练习1 保家卫国

（1）打开C:\练习题\素材文件夹中的"祖国背景.jpg"，为背景图层添加"纹理化"的滤镜效果。

（2）打开"军人剪影.jpg"并合成到"祖国背景.jpg"中，适当调整大小，利用剪贴蒙版，对军人人物剪影所在图层设置斜面和浮雕的图层样式（样式：浮雕效果）。

（3）输入文字"保家卫国"，字体为楷体、120点、红色，字符间距100点，变形文字样式：波浪；并设置投影的图层样式。

参照最终效果如图6-17所示，按要求完成各项操作，将结果以"保家卫国.jpg"为文件名保存在指定文件夹中。

图 6-17　保家卫国最终效果

练习2　爱护地球

（1）打开 C:\练习题\素材文件夹中的"背景.jpg"和"绿色地球.jpg"，并将地球合成至背景图层中，利用自由变换调整大小和位置，并进行水平翻转。

（2）设置地球所在图层为斜面和浮雕图层样式（样式：浮雕效果），并添加"风"的滤镜效果（方法：风；方向：从左）。

（3）选择竖排文字工具，设置字体为隶书，字号为 35 点，颜色为黑色，输入文字"爱护地球""从垃圾分类做起"。为文字图层添加投影效果（不透明度 35%，其余参数默认）、渐变叠加效果（渐变色：橙，黄，橙渐变）。

参照最终效果，如图 6-18 所示，按要求完成各项操作，将结果以"爱护地球.jpg"为文件名保存在指定文件夹中。

图 4-18　爱护地球最终效果

第7章

Animate 动画制作

考核要点

1. 工具箱

选择工具 ▶：选择和移动舞台中的对象。

任意变形工具 ▦：对图形进行缩放、扭曲和旋转变形等操作。

套索工具 ⌀：在舞台中选择不规则区域或多边形状。

文本工具 T：在舞台中绘制文本框，输入文本。

线条工具 ＼：绘制各种长度和角度的直线段。

矩形工具 ▭：绘制矩形、多角星形，也可以绘制多边形或星形。

铅笔工具 ✐：绘制比较柔和的曲线。

颜料桶工具 ⬧：可以填充颜色，同组的墨水瓶可以填充对象的边线。

橡皮擦工具 ⬓：可以擦除舞台中的多余部分。

2. 基本操作

（1）设置舞台大小、背景色、帧频。

执行"修改/文档"命令，可以修改帧频和背景颜色、设置场景大小等。

（2）导入素材。

在指定的帧中导入图片：执行"文件/导入/导入到库"命令。

（3）图层操作——分层创建动画。

图层：类似透明的胶片，每张胶片叠加起来构成动画。

新建图层：单击时间轴左下方的"新建图层"按钮，插入新图层。

删除图层：右击鼠标，然后在弹出的快捷菜单中选择"删除"命令。

图层顺序调整：按住鼠标左键上下拖曳（上遮下）。

3. 三种主要动画类型

（1）逐帧动画：一种常见的动画形式，其原理是在"连续的关键帧"中分解动画动作，即在时间轴的每帧上逐帧绘制不同的内容，使其连续播放而成动画。主要掌握文字逐帧（闪烁、逐字出现）、图片逐帧效果。

（2）形状补间动画：实现两个图形之间颜色、形状、大小、位置的相互变化的动画。起始帧和结束帧必须是打散的，绝对不能是文字、元件和位图，如果是则必须进行分离打散。主要掌握文字变文字、文字变图片的形状补间动画。

（3）补间动画：可以对位置、大小、旋转进行补间并倾斜元件实例、组及文本。还可以对实例和文本的颜色进行补间，以便创建动画形式的颜色变换或透明度的淡入淡出。它不同于补间形状，会自动构建运动路径。主要掌握对象属性的大小、位置、旋转、透明度（淡入淡出）的变化。

4. 导出和保存文件

将文件导出为.swf：执行"文件/导出/导出影片"命令。

将文件保存为.fla：执行"文件/另存为"命令。

7.1 操作实训

实训 1 基本操作及逐帧动画的制作

【题目】

打开 C:\素材\ SC1.fla 文件，参照样张制作动画（除"样张"文字外，样张见文件 C:\样张\yangli1.swf），制作结果以 donghua1.fla、donghua1.swf 为文件名保存和导出影片至 C:\KS 文件夹。注意：添加并选择合适的图层，动画总长为 85 帧。

【操作提示】

（1）将影片大小设置为 600 像素×400 像素，帧频为 12 帧/秒。将库中"美丽田园"图片放置到舞台，调整大小，使之与舞台大小匹配，静止显示至第 85 帧。

（2）新建图层，从第 5 帧至第 35 帧，等间隔逐字出现文本"欢迎光临"，设置"华文琥珀、大小 60 磅、字间距 10、黄色（#FFFF00）"，从第 50 帧到第 80 帧闪烁三次后并静止显示到第 85 帧。

（3）新建图层，利用库中元件"蝴蝶"，创建从第 20 帧到第 70 帧，从画面的左下角沿着一个曲线飞到右上角的动画效果；从第 70 帧至第 85 帧制作蝴蝶飞出舞台。

图 7-1 "文档属性"对话框

【操作步骤】

（1）启动 Adobe Animate CC 2017，打开"C:\素材"文件夹中的 SC1.fla 文件，执行"修改/文档"命令，打开"文档属性"对话框，将文档大小设为 600 像素×400 像素，帧频为 12 帧/秒，如图 7-1 所示，将舞台大小设为"显示帧"。

（2）单击"窗口/库"命令，显示"库"面板，把"库"中的"美丽田园"图片从库中拖曳到舞台上，单击"窗口/对齐"命令，显示"对齐"面板，单击"匹配大小"按钮，然后设置图片为"水平中齐"和"垂直中齐"，如图 7-2 所示，单击时间轴的第 85 帧，按 F5 键插入帧。

（3）单击时间轴左下方的"新建图层"按钮，插入新图层2，单击当前时间轴上的第5帧，按F7键插入空白关键帧，单击工具箱中的"文本"工具，在"属性"面板上选择设置"华文琥珀、大小60磅、字母间距10、颜色黄色（#FFFF00）"，如图7-3所示，并在舞台上输入文字"欢迎光临"。

图7-2　对齐面板　　　　　　　图7-3　文本属性面板

（4）选中图层2的第5帧，执行"修改/分离"命令，把"欢迎光临"元件分离成4个独立文字，分别单击第15帧、第25帧、第35帧，按F6键插入关键帧；单击第5帧，选中"迎光临"，执行"编辑/清除"命令，删除"迎光临"，按同样方式，删除第15帧的"光临"，删除第25帧的"临"，这样就形成了逐字显示的动画效果。

（5）分别在图层2的第50帧、第60帧、第70帧、第80帧，按F6键插入关键帧；且分别在第55帧、65帧、75帧，按F7键插入空白关键帧，这样就形成了文字闪烁的动画效果。

（6）单击"新建图层"按钮，插入新图层3，选中图层3的第20帧，按F7键插入空白关键帧，把"蝴蝶"元件从库中拖曳到舞台的左下方，用"任意变形工具"适当调整蝴蝶角度，如图7-4所示。

图7-4　将蝴蝶拖曳到图层3的舞台

（7）右击图层3的第20帧，在快捷菜单中执行"创建补间动画"命令，如图7-5所示。

（8）选中图层3的第70帧，把"蝴蝶"拖曳到舞台的右上方，此时舞台上观察到在第20～70帧出现一条运动轨迹线，使用工具箱中的"选择工具"，在运动轨迹中央选择一个点，向上拖曳，形成一个弧线，如图7-6所示。选中第85帧，把"蝴蝶"拖出舞台。

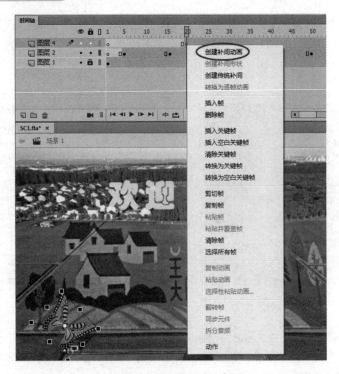

图 7-5 插入补间动画

图 7-6 将直线运动轨迹修改为曲线

（9）单击"文件/另存为"命令，将制作好的动画保存为"donghua1.fla"文件。单击"文件/导出/导出影片"命令，在弹出的"导出影片"对话框中输入导出的动画文件名为"donghua1.swf"，完成影片导出。

实训 2 形状补间动画的制作

【题目】

打开 C:\素材\ SC2.fla 文件，参照样张制作动画（除"样张"文字外，样张见文件 C:\样张\yangli2.swf），制作结果以 donghua2.fla、donghua2.swf 为文件名保存和导出影片至 C:\KS 文件夹。注意：添加并选择合适的图层，动画总长为 90 帧。

【操作提示】

（1）将影片大小设置为 400 像素×300 像素，帧频为 16 帧/秒。使用库中地球 1、地球 2 素材，并调整为同舞台大小，实现从第 1、5 帧依次出现地球 1、地球 2 的效果，并静止显示至 90 帧。

（2）新建图层，利用"幕布 1"元件和"幕布 2"元件创建从第 10 帧至第 30 帧形变的动画效果，显示至第 90 帧。

（3）新建图层，在第 30～35 帧静止显示"爱护地球"元件，到第 55 帧时逐渐形变为"低碳生活"元件，静止显示至第 60 帧，"低碳生活"从第 60～90 帧逐渐缩小（30%）并逆时针转动 2 圈。

【操作步骤】

（1）启动 Adobe Animate CC 2017，打开"C:\素材"文件夹中的 SC2.fla 文件，执行"修改/文档"命令，将文档大小设为 400 像素×300 像素，帧频设置为 16 帧/秒，将舞台大小设为"显示帧"。

（2）单击"窗口/库"命令，把"库"中的"地球 1.jpg"文件从库中拖曳到舞台上，切换到"属性"面板，将该图片的宽度和高度分别设为 400 像素和 300 像素，如图 7-7 所示。再切换到"对齐"面板，将图片设置成"水平对齐"和"垂直对齐"。选中第 5 帧，按 F7 键插入空白关键帧，把"库"中的"地球 2.jpg"文件从库中拖曳到舞台上，按同样的方式将该图片的宽度和高度分别设为 400 像素和 300 像素，"水平对齐"和"垂直对齐"。单击时间轴的第 90 帧，按 F5 键插入帧。

图 7-7　设置图片的高度和宽度

（3）单击"新建图层"按钮，插入新图层 2，单击第 10 帧，按 F7 键插入空白关键帧，把"幕布 1"从库中拖曳到舞台的中央，单击第 10 帧，执行"修改/分离"命令，转换为矢量图。

（4）单击第 30 帧，按 F7 键插入空白关键帧，把"幕布 2"从库中拖曳到舞台的中央；执行"修改/分离"命令，转换为矢量图，单击第 10 帧至第 30 帧之间的任意一帧，执行"创建补间形状"命令，如图 7-8 所示。

（5）单击"新建图层"按钮，插入新图层 3，单击第 30 帧，按 F7 键插入空白关键帧，把"库"中的"爱护地球"元件从库中拖曳到舞台中央，单击第 35 帧，按 F6 键插入关键帧；单击第 55 帧，按 F7 键插入空白关键帧，把"库"中的"低碳生活"元件从库中拖曳到舞台中央，单击第 60 帧，按 F6 键插入关键帧，分别选中第 35 帧、第 55 帧，执行多次"修改/分离"命令，把第 35 帧、第 55 帧元件转换为矢量图。单击第 35 帧至第 55 帧之间的任意一帧，执行"创建补间形状"命令。

（6）右击图层 3 的第 60 帧，在快捷菜单中执行"创建补间动画"命令，在"属性"面板中设置逆时针旋转 2 次的效果，如图 7-9 所示。选中第 90 帧，执行"窗口/变形"命令，将缩放大小均设置为"30%"，如图 7-10 所示。

（7）单击"文件/另存为"命令，将制作好的动画保存为 donghua2.fla 文件。单击"文件/导出/导出影片"命令，在弹出的"导出影片"对话框中输入导出的动画文件名为 donghua2.swf，完成影片导出。

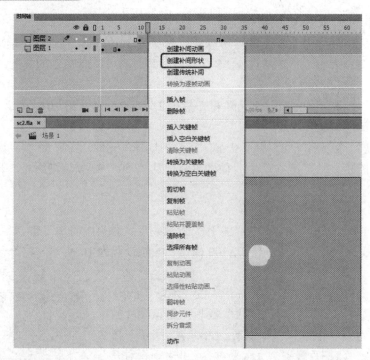

图 7-8　创建补间形状动画

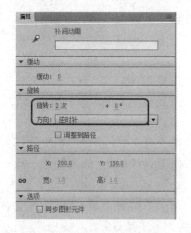

图 7-9　逆时针转动 2 圈

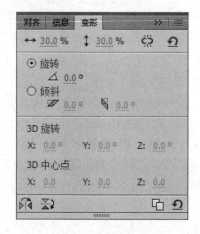

图 7-10　变形面板

实训 3　补间动画的制作

【题目】

打开 C:\素材\ SC3.fla 文件，参照样张制作动画（除"样张"文字外，样张见文件 C:\样张\yangli3.swf），制作结果以 donghua3.fla、donghua3.swf 为文件名保存和导出影片至 C:\KS 文件夹。注意：添加并选择合适的图层，动画总长为 90 帧。

【操作提示】

（1）将影片的大小设置为 700 像素×500 像素，帧频为 10 帧/秒。将"天文馆"素材放置到舞台中央，并调整为同舞台大小，并将文件另存为名为"天文馆"的图形元件；利用该元件从第1帧到第40帧逐渐变暗（亮度为–50%），从第41帧列第80帧逐渐变亮（亮度为0%），显示至第90帧。

（2）新建图层，创建"观星"元件从第20帧到第40帧顺时针旋转一圈并从小变大（最小10%），透明度从0%到100%逐渐淡入，从第41帧到第60帧逐渐淡出，透明度从100%到0%。

（3）新建图层，创建从20帧到50帧"走进天文馆"元件渐变为"望星空"元件动画效果，创建从第60帧到第80帧"望星空"闪烁2次的动画效果，静止显示到第90帧。

【操作步骤】

（1）启动Adobe Animate CC 2017，打开"C:\素材"文件夹中的SC3.fla文件，执行"修改/文档"命令，将文档大小设为700像素×500像素，帧频设为10帧/秒，将舞台大小设为"显示帧"。

（2）把"库"中的"天文馆.jpg"文件从库中拖曳到舞台上，切换到"属性"面板，将该图片的高度和宽度分别设为700像素和500像素，再切换到"对齐"面板，将图片设置为"水平对齐"和"垂直对齐"，再执行"修改/转换为元件"菜单命令，弹出"转换为元件"对话框，名称设置为"天文馆"，选择"图形"类型，如图7-11所示。单击"确定"，此时库内就生成一个名为"天文馆"的元件。单击时间轴的第90帧，按F5键插入帧。

图7-11 "转换为元件"对话框

（3）右击图层1的第1帧，在快捷菜单中执行"创建补间动画"命令，选中第41帧画面，切换到"属性"面板中的"样式"下拉框，选中"亮度"，然后将亮度参数调节为–50%，如图7-12所示。同样的方式，选中第80帧画面，切换到"属性"面板中的"样式"下拉框，选中"亮度"，然后将亮度参数调节为0%。

（4）单击"新建图层"按钮，插入新图层2，单击第20帧，按F7键插入空白关键帧，把"观星"元件从库中拖曳到舞台的中间，执行"窗口/变形"命令，将缩放大小均设置为"10%"，切换到"属性"面板中的"样式"下拉列表框，选中Alpha，然后将Alpha参数调节为0%，如图7-13所示。

（5）右击图层2的第20帧，在快捷菜单中执行"创建补间动画"命令，选中第40帧画面，执行"窗口/变形"命令，将缩放大小均设置为"100%"，切换到"属性"面板中的"样式"下拉列表框，将Alpha参数调节为100%。按住Ctrl键后单击选定41帧，使用快捷菜单中"拆分动画"命令，将该图层动画拆分成两段。选定第20帧，在"属性"面板中设置顺时针转动1圈的效果。选中第60帧画面，切换到"属性"面板，将Alpha参数调节为0%。

（6）单击"新建图层"按钮，插入新图层3，单击第20帧，按F7键插入空白关键帧，把"走进天文馆"元件从库中拖曳到舞台的上方居中，单击第50帧，按F7键插入空白关键帧，把"望星空"元件从库中拖曳到舞台的上方居中，分别选中第20帧、第50帧，执行多次"修改/分离"命令，把第20帧、第50帧元件转换为矢量图，单击第20帧至第50帧之间的任意一帧，执行"创建补间形状"命令。分别单击第 60 帧、第 70 帧、第 80 帧，按 F6 键插入关键帧；分别单击第 65 帧、75 帧，按 F7 键插入空白关键帧。这样就形成了文字闪烁的动画效果。

图 7-12　属性面板　　　　　　　　　　　图 7-13　属性面板

（7）单击"文件/另存为"命令，将制作好的动画保存为 donghua3.fla 文件。单击"文件/导出/导出影片"命令，在弹出的"导出影片"对话框中输入导出的动画文件名为 donghua3.swf，完成影片导出。

实训 4　动画的综合训练

【题目】

打开 C:\素材\ SC4.fla 文件，参照样张制作动画（除"样张"文字外，样张见文件 C:\样张\yangli4.swf），制作结果以 donghua4.fla、donghua4.swf 为文件名保存和导出影片至 C:\KS 文件夹。注意：添加并选择合适的图层，动画总长为 80 帧。

【操作提示】

（1）设置影片大小为 600 像素×500 像素，帧频为 12 帧/秒。将库中"西沙风景"图片放置到舞台上，并调整为同舞台大小（图片转换为元件）。第 1 帧将图片适当缩小（50%），静止显示至第 10 帧，从第 10 帧到第 60 帧，顺时针旋转一圈并逐步变大（100%），显示至第 80 帧。

（2）新建图层，利用库中的"西沙群岛"元件制作从第 5 帧到第 20 帧等间隔逐字出现"西沙群岛"，并在第 25 帧到第 60 帧变形为"美丽富饶"元件，并显示至第 80 帧。

（3）新建图层，利用库中"海鸥"元件从第 1 帧到第 30 帧由小变大（最小 50%），逐渐淡入地从远处飞来；从第 31 帧到第 70 帧由大变小（最小 20%），加速飞向远处，最终消失。

【操作步骤】

（1）启动 Adobe Animate CC 2017，打开 C:\素材文件夹中的 SC4.fla 文件，执行"修改/文档"命令，将文档大小设置为 600 像素×500 像素，帧频设置为 12 帧/秒，将舞台大小设置为"显示帧"。单击"窗口/库"命令，把"库"中的"西沙风景.jpg"文件从库中拖曳到舞台上，切换到"对齐"面板，将图片设置为"水平对齐"和"垂直对齐"，执行"修改/转换为元件"菜单命令，名称设置为"西沙风景"，选择"图形"类型，在库内生成一个名为"西沙风景"的元件。单击时间轴的第 80 帧，按 F5 键插入帧。

（2）选中图层1的第1帧画面，执行"窗口/变形"命令，将缩放大小均设置为"50%"，单击第10帧，按F6键插入关键帧，右击第10帧，在快捷菜单中执行"创建补间动画"命令，选中第60帧画面，执行"窗口/变形"命令，将缩放大小均设置为"100%"。按住Ctrl键后单击选定61帧，使用快捷菜单中"拆分动画"命令，将该图层动画拆分成两段。选定该图层的第10帧，在"属性"面板中设置顺时针转动1圈的效果。

（3）单击"新建图层"按钮，插入新图层2，单击第5帧，按F7键插入空白关键帧，把"库"中的"西沙群岛"元件拖曳到舞台上方居中，执行"修改/分离"命令，把"西沙群岛"分离成4个独立文字，分别单击第10帧、第15帧、第20帧、第25帧，按F6键插入关键帧；单击第5帧，选中"沙群岛"，执行"编辑/清除"命令，删除"沙群岛"，按同样方式，删除第10帧的"群岛"，删除第15帧的"岛"，这样就形成了逐字显示的动画效果。

（4）单击图层2的第60帧，按F7键插入空白关键帧，把"库"中的"美丽富饶"元件拖曳到舞台上方居中，分别选中第25帧、第60帧，执行多次"修改/分离"命令，把第25帧、第60帧元件转换为矢量图。单击第25帧至第60帧之间的任意一帧，执行"创建补间形状"命令。

（5）单击"新建图层"按钮，插入新图层3，单击第1帧，把"库"中的"海鸥"元件从库中拖曳到舞台左上方，执行"窗口/变形"命令，将缩放大小均设置为"50%"，切换到"属性"面板中的"样式"下拉列表框，将Alpha参数调节为0。

（6）右击图层3的第1帧，在快捷菜单中执行"创建补间动画"命令，选中第30帧画面，把"海鸥"拖曳到舞台的下方，执行"窗口/变形"命令，将缩放大小均设置为"100%"，切换到"属性"面板中的"样式"下拉列表框，将Alpha参数调节为100%。此时舞台上观察到在第1～30帧出现一条运动轨迹线，使用工具箱中的"选择工具"，在运动轨迹中央选择一个点，向下拖曳，形成一个弧线轨迹。如图7-14所示。

（7）选中第70帧画面，把"海鸥"拖曳到舞台的右侧方，执行"窗口/变形"命令，将缩放大小均设置为"20%"，切换到"属性"面板中的"样式"下拉列表框，将Alpha参数调节为0。观察到在第31～70帧出现一条运动轨迹线，使用工具箱中的"选择工具"，在运动轨迹中央选择一个点，上下拖曳，形成一个弧线轨迹。如图7-15所示。按住Ctrl键后单击选定第31帧，使用快捷菜单中"拆分动画"命令，将该图层动画拆分成两段。选定该图层的第31帧，在"属性"面板中设置缓动-100加速效果，如图7-16所示。

图7-14 第1～30帧运动轨迹　　　　　图7-15 第31～70帧运动轨迹

（8）单击"文件/另存为"命令，将制作好的动画保存为"donghua4.fla"文件。单击"文件/导出/导出影片"命令，在弹出的"导出影片"对话框中输入导出的动画文件名为"donghua4.swf"，完成影片导出。

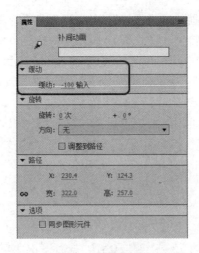

图 7-16 属性面板

7.2 同步练习

练习1 关爱地球动画

打开 C:\素材\Animate1.fla 文件，参照样张制作动画（除"样张"文字外，样张见文件 C:\样张\yangliA.swf），制作结果以 donghuaA.fla、donghuaA.swf 为文件名保存和导出影片至 C:\KS 文件夹。注意：添加并选择合适的图层，动画总长为 80 帧。

【操作提示】

（1）设置影片大小为 900 像素×500 像素，帧频为 12 帧/秒；将库中的"背景.jpg"拖曳到舞台中央，静止显示至 80 帧。

（2）新建图层，从第 10 帧到第 40 帧等间隔逐字出现"保护环境"，创建从第 45 帧到第 65 帧"保护环境"渐变为"从我做起"文字的动画效果［字体：华文琥珀，大小：90 点，字母间距：20，颜色：绿色（#00FF00）］，静止显示至第 80 帧。

（3）新建图层，利用库中"蝴蝶"元件，适当调整方向，创建从第 10 帧到第 60 帧从右飞到左，第 61 帧到第 80 帧逐渐变小消失的动画效果。

练习2 我爱我家动画

打开 C:\素材\Animate2.fla 文件，参照样张制作动画（除"样张"文字外，样张见文件 C:\样张\yangliB.swf），制作结果以 donghuaB.fla、donghuaB.swf 为文件名保存和导出影片至 C:\KS 文件夹。注意：添加并选择合适的图层，动画总长为 60 帧。

【操作提示】

（1）将影片的大小设置为 600 像素×400 像素，帧频为第 15 帧/秒。将库中的元件"父亲""孩子""母亲"放置于舞台适当位置，作为整个动画的背景，显示至第 60 帧；

（2）新建图层，输入文本"我爱我家"，华文琥珀、大小80、字间距15，制作文字第1帧到第30帧由黄到红，红到绿，绿到蓝的闪烁特效，静止显示至第40帧；创建从第40帧到第55帧"我爱我家"文字变为"爱心"元件的动画，并显示至第60帧。

（3）新建图层，将库中"气球"元件放入孩子手中，第1帧到第10帧静止显示，从第10帧到第60帧逆时针旋转2周并淡出，最终消失在舞台外。

第8章

Dreamweaver 网页设计

知识点1 网页的基本操作

1. 新建一个站点

站点：一个站点（Site）是一个存储区，它存储了一个网站的所有文件（包括首页、各子页面及这些页面上所插入的各种对象）。通俗地说，一个站点就是存放一个网站所有内容的文件夹。

2. 表格的插入、编辑及属性的设置

表格是进行页面布局的一种方法。

- 表格的插入，表格的行、列及宽度的设置。
- 表格的边框线宽度、边距和间距的设置。
- 表格的居中。
- 单元格的对齐方式。
- 单元格的合并及拆分。
- 单元格的宽度、高度的设置。
- 单元格的背景颜色的设置。
- 表格的嵌套：就是在一个大的表格中，再嵌进去一个或几个小的表格，即插入表格单元格中的表格。

3. 设置页面的属性

- 网页标题的设置：浏览一个网页时，在浏览器顶端蓝色标题栏上显示的信息就是"网页标题"，它用来描述该网页是干什么的。
- 页面背景颜色的设置。
- 图片的插入、图片大小的设置、图片对齐方式的设置。
- 超链接颜色设置。

4. 图片的插入、大小设置

- 图片的插入。
- 图片大小的设置

5. 网页文件保存、预览。

知识点2 网页中多媒体元素设置

1. 图片及动画属性的设置

- 图片边框线的设置。
- 图片对齐方式的设置。
- 图片替换文字的设置。
- 鼠标经过图像的插入。
- 动画的插入。
- 动画大小的设置。
- 动画背景颜色的设置。

2. 水平线的插入及属性的设置

- 水平线的插入。
- 水平线宽度、高度及阴影的设置。
- 水平线的对齐方式。
- 水平线颜色的设置。

3. 不换行空格的插入，项目符号、版权符号等特殊符号的插入，时间日期的插入

- 不换行空格的插入。
- 项目符号及编号的插入。
- 版权符号、注册商标符号的插入。
- 时间日期的插入

知识点3 网页中超链接设置

链接也称超级链接，是指从一个网页指向一个目标的连接关系，所指向的目标可以是本网站中的另一个网页或其他网站，也可以是相同网页上的不同位置，还可以是图片、电子邮件地址、文件，甚至应用程序。

- 将文字或图片链接到本网站内的文件。
- 将文字或图片链接到外部网站。
- 将文字链接到邮箱。
- 将文字链接到网页中的任意位置（锚记的命名：锚记就相当于书签，标记了网页上的位置，即给网页上某个位置起个名字。）
- 图片的热点链接：只对图片中某一区域（热点区域）做链接。
- 链接目标的设置。

知识点4 网页中表单设计

表单：表单用于传输数据，如果有数据提供给后台程序，如一个"文本框""单选按钮"等，这些元素通常要放到一个表单，才可以完成数据的提交。

- 表单域的插入：在插入表单其他对象之前一定要先插入表单域，它是一个红色虚线框，表单中的所有内容必须放置在这个虚线框里，才能提交或清除。
- 文本字段的添加及属性的修改。
- 文本区域的添加及属性的修改。
- 复选框的添加及属性的修改。
- 单选按钮组的添加及属性的修改。
- 列表的添加及属性的修改。
- 文件域的添加及属性的修改。
- 按钮的添加及属性的修改。

8.1 操作实训

实训 1 网页的基本操作

【题目】

打开素材 C:\KS\wy1 文件夹中的素材（图片素材在 wy1\images 中），按以下要求制作或编辑网页，将结果保存到原文件夹，最终效果如图 8-1 所示。

图 8-1 实训 1 最终效果

注意：效果图仅供参考，相关设置按题目要求完成即可。由于显示器分辨率或窗口大小的不同，网页中文字的位置可能与效果图略有差异，图文混排效果与效果图大致相同即可；由于显示器颜色差异，做出的结果与效果图存在色差也是正常的。

（1）打开主页 index.html，设置网页标题为"美丽东方绿洲"；网页背景图片设置为"bj.jpg"；设置表格属性：居中对齐、边框线宽度、边距和间距均设为 0。

（2）合并第 1 行单元格，将此行背景颜色设置为#FF9933，设置第 1 行"美丽东方绿洲"文字格式：华文行楷，36 像素，颜色#2801FB，居中对齐。

（3）合并第 1 列的第 2 至第 5 行；在此单元格插入 1 行 1 列的表格：居中对齐，边框线宽度、边距和间距均设为 0，宽度 80%；在此表格中插入"简介.txt"中的相关文字，设置文字在单元格内水平"居中对齐"、垂直"顶端对齐"；设置字体：华文细黑，14 像素，颜色#3983CE。

（4）在表格的第 2 行第 2 列单元格中，插入图片"1.jpg"，第 4 行第 3 列单元格中，插入图片"2.jpg"，第 2 行第 4 列单元格中，插入图片"3.jpg"，第 4 行第 5 列单元格中，插入图片"4.jpg"，图片大小均为 150 像素×100 像素。

（5）在表格下方输入文字"联系我们"，设置邮件链接，地址为"admin@yj.com"，设置超链接颜色为"FF0000"。

（6）保存网页，并在 IE 浏览器中查看网页效果。

【操作步骤】

（1）启动 Dreamweaver 软件，选择"站点"菜单下的"新建站点"命令，设置站点名称为"wy1"，单击"本地站点文件夹"旁的"浏览文件"按钮，选择"C:\KS\wy1"文件夹，单击"选择"按钮，单击"确定"按钮。

（2）在"文件"面板中双击，打开主页 index.html，执行"窗口"菜单，打开"属性"面板，在属性面板中设置网页标题："美丽东方绿洲"，将光标放在页面空白处，单击"属性"面板下方的"页面属性"按钮，在打开的"页面属性"对话框中的左侧选择"外观（CSS）"，单击右侧"背景图像"后面的"浏览"按钮，选择 wy1 中 image 文件夹下的 bj.jpg 文件，然后单击"确定"按钮。

（3）把光标移到表格的边或角的位置，会出现一个红色的矩形框框住整个表格，然后单击，则在"属性"面板左侧显示"表格"两字，说明现在设置的是整个表格的属性，在属性面板中，将 CellPad（边距）、CellSpace（间距）、Border（边框粗细）的值均设为 0，设置 Align（对齐方式）为"居中对齐"。

（4）选中表格的第 1 行单元格，执行如下命令：右击鼠标/表格/合并单元格，在属性面板中设置单元格背景颜色为#FF9933；选中第 1 行的文字，在属性面板中单击"CSS 按钮"可以看到字体相关设置。首次设置某种字体的时候，在字体堆栈中，并未显示该字体，需要自己将该字体添加到字体堆栈中，选择"管理字体"，切换到"自定义字体堆栈"，在"可用字体"中找到"华文行楷"，单击"■■■<<■"按钮，该字体将出现在字体堆栈中，单击"完成"按钮。在字体堆栈中，选择"华文行楷"，字体大小设置为"36"，单击属性面板中"■"按钮，设置字体颜色，在弹出的颜色设置中，输入颜色代码"#2801FB"，单击"■"设置字体为居中对齐。设置面板字体属性效果如图 8-2 所示。

图 8-2　设置字体属性面板效果

（5）选中第 1 列的第 2 行至第 5 行单元格，执行如下命令：右击鼠标/表格/合并单元格；执行如下命令：插入/Table，插入 1 行 1 列的表格，选中此表格，在属性面板中设置表格宽度为 80%，边框线宽度、单元格边距和间距均设为 0，Align 为"居中对齐"，设置表格属性面板效果如图 8-3 所示。

图 8-3　设置表格属性面板效果

（6）打开 wy1 文件夹下的"简介.txt"，选中所有内容并复制，粘贴至第 2 行第 1 列的表格中。在属性面板中设置单元格，水平为"居中对齐"，垂直为"顶端对齐"；在属性面板中将字体设为"华文细黑"，大小为"14"，颜色为"#3983CE"。

（7）将光标放在第 2 行第 2 列中，执行菜单命令：插入/Image，在弹出的对话框中，选择"1.jpg"，单击"选择"，图片插入到单元格，单击图片，可以看到图片属性面板，找到"🔒"图标，取消图片的纵横比，设置图片宽度为 150 像素，高度为 100 像素；同样的方式在第 4 行第 3 列插入图片"2.jpg"，第 2 行第 4 列插入图片"3.jpg"，第 4 行第 5 列插入图片"4.jpg"，效果参考效果图。

（8）光标放在表格下方，输入文字"联系我们"，执行菜单命令：插入/HTML/电子邮件链接，输入邮箱地址"admin@yj.com"；属性面板选择"页面属性"，在弹出的对话框中"分类"切换到"链接（CSS）"，设置链接颜色为"FF0000"，单击"确定"按钮，如图 8-4 所示。

图 8-4　设置超链接颜色

（9）单击"文件"菜单下的"保存"命令进行保存，单击实时预览按钮，选择其中的"Internet Explore"选项预览（快捷键"F12"也可实现相同效果），如图 8-5 所示，最后关闭文件。

图 8-5　预览网页

实训 2　网页中多媒体元素设置

【题目】

打开素材 C:\KS\wy2 文件夹中的素材（图片素材在 wy2\images 中，动画素材在 wy2\flash 中），按以下要求制作或编辑网页，将结果保存到原文件夹，最终效果如图 8-6 所示。

（1）打开主页 index.html，设置网页标题为"中秋佳节"，网页背景色：#9BABCC。设置表格属性：居中对齐，边框线宽度、边距和间距均设置为 0，宽度为 90%。

图 8-6　实训 2 最终效果

（2）合并第 1 行 2 个单元格，并将合并后单元格内容设置水平居中对齐；设置表格第 1 行 "中秋佳节" 文字格式：微软雅黑，字号 36 像素，字体颜色#0000FF。

（3）设置第 2 行第 1 列单元格内容水平垂直居中；在表格的第 2 行第 1 列插入鼠标经过图像，原始图像为 01.jpg，鼠标经过图像为 02.jpg，调整图片大小为 300 像素×400 像素，修改第 2 行第 2 列单元格宽度为 50%。

（4）在第 3 行第 1 列中，插入动画 "3.swf"，设置影片大小为 275 像素×300 像素，背景颜色为#FFFF00。

（5）按效果图，对第 2 行第 2 列的文字添加项目列表；在第 3 行第 2 列 "有以下……" 前插入 4 个不换行空格，对 "有以下……" 下方的文字设置编号列表。

（6）在表格下方插入水平线，设置水平线宽度为 90%、高为 2，水平线颜色为#0000FF，有阴影。

（7）在 "版权所有" 文字后添加版权符号；插入可以自动更新的日期，格式为 "××年×× 月××日"。

【操作步骤】

（1）启动 Dreamweaver 软件，选择 "站点" 菜单下的 "新建站点" 命令，设置站点名称为 "wy2"，单击 "本地站点文件夹" 旁的 "浏览文件" 按钮，选择 "C:\KS\wy2" 文件夹，单击 "选择" 按钮，单击 "确定" 按钮。

（2）在 "文件" 面板中双击，打开主页 index.html，执行 "窗口" 菜单，打开 "属性" 面板，在属性面板中设置网页标题："中秋佳节"，将光标放在页面空白处，单击 "属性" 面板下方的 "页面属性" 按钮，在打开的 "页面属性" 对话框中的左侧选择 "外观（CSS）"，单击右侧 "背景颜色"，输入颜色代码 "#9BABCC"，单击 "确定" 按钮。

（3）把光标移到表格的边或角的位置，会出现一个红色的矩形框框住整个表格，然后单击，则在 "属性" 面板左侧显示 "表格" 两字，说明现在设置的是整个表格的属性，在属性面板中，将 CellPad（边距）、CellSpace（间距）、Border（边框粗细）的值均设为 0，设置 Align（对齐方式）为"居中对齐"，宽度单位改成"%"，设置宽度为90%。

（4）选中第1行的2个单元格，执行如下命令：右击鼠标/表格/合并单元格，属性面板中，单元格内容水平设置为居中对齐；选中"中秋佳节"文字，在属性面板中设置字体为"微软雅黑"，字体大小为36像素，字体颜色设置#0000FF。

（5）鼠标放在第2行第1列单元格内，在属性面板中设置单元格内容水平居中对齐、垂直居中对齐；执行菜单命令：插入/ HTML/鼠标经过图像，在弹出的对话框中，选择原始图像为"01.jpg"，鼠标经过图像为"02.jpg"，如图8-7所示，单击"确定"按钮。光标放在第2行第2列单元格中，在属性面板中设置单元格宽度为50%，如图8-8所示。

图8-7　插入鼠标经过图像

图8-8　设置单元格宽度

（6）光标放在第3行第1列上，执行菜单命令：插入/HTML/Flash SWF，弹出的对话框中，选择"flash"文件夹下的"3.swf"，单击"确定"按钮；选中动画，在属性面板中设置影片宽度为275像素，高度为300像素，背景颜色设置为#FFFF00，如图8-9所示。

图8-9　设置动画属性

（7）选中第2行第2列中所有文字，执行如下命令：右击鼠标/列表/项目列表；光标放在"有以下......"文字前，输入4个空格（插入/HTML/不换行空格）。（若输入空格无效，打开"编辑"菜单，找到"首选项"，在"常规"分类中，找到"允许多个连续空格"并勾选，如 ✓ 允许多个连续的空格(M)，单击"应用"按钮，再回到文字前，输入 4 个空格）；选中"有以下......"下方的5行文字，右击鼠标/列表/编号列表（若不能对所有行添加编号，可通过如下操作：如只有第1行有编号，将鼠标放在第1行后，按"Delete"键，再按"Enter"键，可给第2行的文字添加编号，其余的行同理。仅供参考，方法不唯一）。

（8）将光标放在文字"版权所有"前，执行菜单命令：插入/HTML/水平线，选中水平线，在属性面板中设置水平线宽度为90%，高度为2，如图8-10所示。

（9）切换到拆分视图，在上方的实时视图中选中水平线，下方的代码部分会自动选中水平线相应代码，在代码部分添加颜色，如图8-11所示；在属性面板中勾选"阴影"。

图 8-10 设置水平线高度和宽度

`<hr width="90%" size="2" color="#0000FF" />`

图 8-11 修改水平线颜色代码

（10）将光标放在文字"版权所有"右侧，执行菜单命令：插入/HTML/字符/版权©；执行菜单命令：插入/HTML/日期，在弹出的对话框中，选择"××年××月××日"格式的日期，勾选"储存时自动更新"复选框，单击"确定"按钮，如图 8-12 所示。

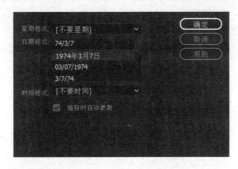

图 8-12 设置可自动更新的日期

（11）单击"文件"菜单下的"保存"命令保存，单击实时预览按钮 ，选择其中的"Internet Explore"选项预览，最后关闭文件。

实训 3 网页中超链接设置

【题目】

使用素材 C:\KS\wy3 文件夹中的素材（图片素材在 wy3\images 中），按以下要求制作或编辑网页，结果保存在原文件夹，最终效果如图 8-13 所示。

（1）打开主页 index.html，设置网页标题为"共产党一大会址"；网页背景颜色设置为 #CCD59B。设置表格属性：对齐方式居中，边框线宽度、边距和间距都设置为 0，表格宽度为页面的 90%。

（2）为表格第 1 行单元格文字"共产党一大会址"设置格式：字体为华文细黑，字号为 36 像素，颜色为#333333，居中对齐。

（3）在第 3 行第 1 列单元格内插入"历史沿革.txt"中的文字，在第 3 行第 2 列单元格内插入"建筑格局.txt"中的文字。在第 4 行第 1 列单元格插入图片"1.jpg"，设置图片大小 200 像素×150 像素，并在"1.jpg"上对图片中间的"中国共产党第一次全国代表大会会址"做矩形热点链接，指向 JS.html，并在新窗口中打开。

（4）将第 1 行的文字超链接到"xiangqing.html"，第 5 行第 1 列的文字添加链接到 "https://www.baidu.com"，在新窗口打开。

（5）在最后一行输入文字"联系我们 回到页首"，给文字"联系我们"添加邮件链接，地址为"admin@yj.com"；在第 1 行文字"共产党一大会址"的左边添加 Div，ID 为 top，将 "回到页首"超链接到 top。

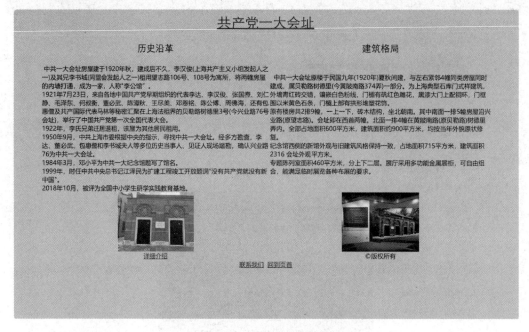

图 8-13　实训 3 最终效果

【操作步骤】

（1）启动 Dreamweaver 软件，选择"站点"菜单下的"新建站点"命令，设置站点名称为"wy3"，单击"本地站点文件夹"旁的"浏览文件"按钮，选择"C:\KS\wy3"文件夹，单击"选择"按钮选择文件，单击"确定"按钮。

（2）在"文件"面板中双击，打开主页 index.html，执行"窗口"菜单，打开"属性"面板，在属性面板中设置网页标题："共产党一大会址"，将光标放在页面空白处，单击"属性"面板下方的"页面属性"按钮，在打开的"页面属性"对话框中的左侧选择"外观（CSS）"，单击右侧"背景颜色"，输入颜色代码"#CCD59B"，然后单击"确定"按钮。

（3）把光标移到表格的边或角的位置，会出现一个红色的矩形框框住整个表格，然后单击，则在"属性"面板左侧显示"表格"两字，说明现在设置的是整个表格的属性，在属性面板中，将 CellPad（边距）、CellSpace（间距）、Border（边框粗细）的值均设为 0，设置 Align（对齐方式）为"居中对齐"，宽度单位改成"%"，设置宽度为 90%，如图 8-14 所示。

图 8-14　设置表格属性

（4）选中第 1 行的文字"共产党一大会址"，在属性面板 CSS 中设置字体格式：字体为华文细黑，字号为 36 像素，颜色为"#333333"，居中对齐，如图 8-15 所示。

图 8-15 设置字体格式

（5）打开"C:\KS\wy3"文件夹下的"历史沿革.txt"，复制所有文字，粘贴至表格第 3 行第 1 列单元格内。同样的方式在第 3 行第 2 列单元格内插入"建筑格局.txt"中的文字。光标放在第 4 行第 1 列单元格内，插入/Image，选择图片"1.jpg"，属性面板设置图片大小宽度为200 像素、高度为 150 像素；在属性面板左下角找到"▣"图标，该图标为"矩形热点链接"，在"1.jpg"上对图片中间的"中国共产党第一次全国代表大会会址"做绘制矩形热点链接，在弹出的热点属性面板中，设置热点链接为"JS.html"，目标选择为"_blank"，如图 8-16 所示。

图 8-16 设置热点链接

（6）选中第 1 行的文字，在属性面板中设置链接，点击 📁 浏览文件图标，在弹出的对话框中选择"xiangqing.html"，单击"确定"按钮，属性面板中目标选择为"_blank"；选中第 5 行第 1 列的文字，在链接地址栏中输入"https://www.baidu.com"。

（7）在表格最后一行输入文字"联系我们 回到页首"，选中"联系我们"，执行菜单命令：插入/HTML/电子邮件链接，在弹出的电子邮件链接对话框的"电子邮件"后输入邮箱地址"admin@yj.com"；将光标放在第 1 行文字"共产党-大会址"前，插入/Div，在弹出的对话框中设置 Div 的 ID 为"top"，如图 8-17 所示，单击"确定"按钮；选中"回到页首"文字，在属性面板中设置链接"#top"，如图 8-18 所示。

图 8-17 插入 Div

图 8-18 设置命名锚记

（8）单击"文件"菜单下的"保存"命令保存，单击实时预览按钮 ▣，选择其中的"Internet Explore"选项预览，最后关闭文件。

实训 4 网页中表单设计

【题目】

打开素材 C:\KS\wy2 文件夹中的素材（图片素材在 wy4\images 中），按以下要求制作或编辑网页，将结果保存到原文件夹。最终效果如图 8-19 所示。

图 8-19　实训 4 最终效果

（1）打开主页 index.html，设置网页标题为"进博会介绍"，网页背景色：#B4BBE0，设置表格属性：居中对齐，边框线宽度、边距和间距均设置为 0。

（2）合并表格第 1 行两个单元格，并将合并后单元格内容设置水平居中，将此行背景设置为#FF9933，为文字"中国国际进口博览会"设置格式：字体为微软雅黑，字号为 36 像素，颜色为#333333。

（3）按样张，在 2 行第 2 列完成表单中的内容：在姓名右侧添加单行文本框，字符显示宽度为 8；在性别右侧添加名称为"xb"的单选按钮组；在行业右侧添加选择菜单，选项内容为供应商、采购商、自由职业、其他，默认值为其他；在喜欢的产品类别右侧添加复选框，分别为农产品、电子产品、智慧出行、美妆及日化；在对进博会了解程度下方添加文本区域，设置文本区域为 5 行、30 列；在准备提交的优秀作品下方添加文件域；在文件域下方添加日期；在表单下方添加"提交"和"重置"按钮，更改"提交"为"提交问卷"。

（4）设置最后一行单元格对齐方式为水平居中，插入水平线，并在水平线下依次插入以下字符：版权符号"©"、字符串"版权所有"。

【操作步骤】

（1）启动 Dreamweaver 软件，选择"站点"菜单下的"新建站点"命令，设置站点名称为"wy4"，单击"本地站点文件夹"旁的"浏览文件"按钮，选择"C:\KS\wy4"文件夹，单击"选择"按钮选择文件，单击"确定"按钮。

（2）在"文件"面板中双击，打开主页 index.html，执行"窗口"菜单，打开"属性"面板，在属性面板中设置网页标题："进博会介绍"，将光标放在页面空白处，单击"属性"面板下方的"页面属性"按钮，在打开的"页面属性"对话框中的左侧选择"外观（CSS）"，单击右侧"背景颜色"，输入颜色代码"#B4BBE0"，如图 背景颜色(B)： #B4BBE0 然后单击"确定"按钮。

（3）把光标移到表格的边或角的位置，会出现一个红色的矩形框框住整个表格，然后单击，则在"属性"面板左侧显示"表格"两字，说明现在设置的是整个表格的属性，在属性面板中，将 CellPad（边距）、CellSpace（间距）、Border（边框粗细）的值均设为 0，设置 Align（对齐方式）为"居中对齐"。

（4）选中第 1 行的两个单元格，执行如下命令：右击鼠标/表格/合并单元格；选中第 1 行文字，在属性面板中找到▇设置文字居中对齐；将光标放在第 1 行单元格中，在属性面板中设置单元格背景颜色，如图 8-20 所示。

图 8-20　设置单元格背景颜色

选中第 1 行的文字"中国国际进口博览会"，在属性面板中设置字体格式：字体为微软雅黑，字号为 36 像素，颜色为#333333，如图 8-21 所示。

图 8-21　设置字体格式

（5）光标放在"姓名："右侧，执行菜单命令：插入/表单/文本，在单元格内删除英文提示字符；选中文本框，在弹出的属性面板中，将 Size 值设置为 8。

（6）光标放在"性别："右侧，执行菜单命令：插入/表单/单选按钮组，在弹出的对话框中，设置名称为"xb"，标签和值如 8-22 所示。在代码窗口中，手动删除单选标签"男"和"女"之间的换行符标签
，可以使单选的两个选项在同一行。

（7）将光标放在"行业："后，执行菜单命令：插入/表单/选择，将"Select："文字删除，单击选择框，在弹出的属性面板中，找到▇列表值▇，设置列表值如图 8-23 所示，在属性面板中将 Select 值选为"其他"。

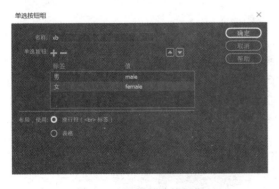

图 8-22　设置单选按钮组

图 8-23　设置选择表单

（8）光标放在"喜欢的产品类别："右侧，执行菜单命令：插入/表单/复选框，删除"Checkbox"，输入"农产品"，在属性面板中将"Value"值改为"农产品"，如图 8-24 所示；用同样的方式依次添加"电子产品""智慧出行""美妆及日化"复选框。

图 8-24　更改复选框的值

（9）光标放在"对进博会了解程度："下方，执行菜单命令：插入/表单/文本区域，删除"Text Area："文字，在属性面板中设置 Rows 的值为 5，Cols 的值为 30，如图 8-25 所示。

图 8-25　设置文本区域的行数和列数

（10）光标放在"准备提交的优秀作品："下方，执行菜单命令：插入/表单/文件，删除"File："文字；光标放在文件表单下方，插入面板选择"日期"表单，删除"Date："文字。将光标放在文本区域下方，在插入面板选择"提交"和"重置"，选中"提交"按钮，属性面板中，将"Value"值改为"提交问卷"。

（11）将光标放在表格最后一行，在属性面板中将单元格内容设置为水平居中对齐；执行菜单命令：插入/HTML/水平线；将光标放在水平线后方，执行菜单命令：插入/HTML/字符/版权。

（12）单击"文件"菜单下的"保存"命令保存，单击实时预览按钮 ，选择其中的"Internet Explore"选项预览，最后关闭文件。

8.2　同步练习

练习 1　网页的基本操作练习

使用素材 C:\KS\wyA 文件夹中的素材（图片素材在 wyA\images 中），按以下要求制作或编辑网页，将结果保存在原文件夹中，最终效果如图 8-26 所示。

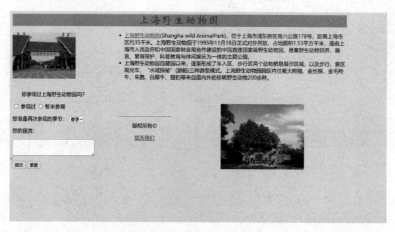

图 8-26　练习 1 最终效果

（1）打开主页 index.html，设置网页标题为"上海野生动物园"，网页超链接颜色为#00FF00，网页背景颜色为#EAEAEA，表格居中对齐，宽度为 90%，单元格边距、间距和边框均为 0。设置表格第 1 行中的单元格背景颜色为#E1F513，文字格式为：华文新魏、36 像素、颜色#CC0000，单元格内容水平居中对齐。

（2）将表格第 2、3 行第 1 列合并，在此单元格中插入图片 0.jpg，调整图片大小为 200 像素×140 像素（宽×高），将图片超链接到网站 https://www.shwz**.com/，并在新窗口中打开。第 2 行第 2 列单元格中的文字添加项目列表。设置第 1 段中的"上海野生动物园"超链接到 wyA\images\2.jpg。

（3）在第 3 行第 1 列第一行文字前插入 6 个不换行空格，表单中，插入 1 个名为 visit 的单选按钮组，标签分别为"参观过"和"暂未参观"，并插入名为"您准备再次参观的季节："选择菜单，菜单选项内容为：春季、夏季、秋季、冬季，默认为春季；下方插入名为"您的留言："文本区域，行数为 3，列数为 35，最后添加"提交"和"重置"按钮。

（4）把表格第 3 行第 2 列拆分为 2 列，左边列宽为 20%，右边列宽为 50%，拆分后的左边列里"版权所有"上方插入水平线，宽度为 80%，无阴影，并在文字"版权所有"后面插入版权符号，下方输入文字"联系我们"，邮件链接到 abc@123.com，单元格内容水平居中对齐。后边列里插入鼠标经过图像，原图像为 1.jpg，鼠标经过图像为 2.jpg，按原纵横比调整图片宽度为 260 像素，水平居中对齐。

练习2　网页综合练习

使用素材 wyB 文件夹中的素材（图片素材在 wyB\images 中），按以下要求制作或编辑网页，将结果保存在原文件夹中，最终效果如图 8-27 所示。

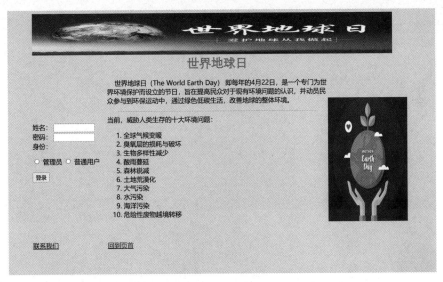

图 8-27　练习 2 最终效果

（1）打开主页 index.html，设置网页标题为"世界地球日"，设置表格属性的宽度为 90%，居中对齐，表格的边框粗细、边距和间距均设置为 0，网页背景色为#CEEDB7。

（2）设置单元格第 2 行第 2 列"世界地球日"的格式字体为华文细黑，字号为 30 像素，粗体，居中对齐，颜色为#8372FA；合并第 1 行单元格，在第 1 行单元格插入鼠标经过图像，原始图像为 1.jpg，鼠标经过图像为 2.jpg，单击时可跳转至 http://www.baidu.com，设置图像大小为 900 像素×100 像素（宽×高）。

（3）在第 3 行第 2 列单元格中的第 1 段文字前插入 4 个不换行空格，在"当前，威胁……"之前插入水平线，宽度为 90%，高度为 2。将"当前，威胁……十大环境问题"下的 10 行文字文本添加编号；合并第 3 行第 3 列和第 4 行第 3 列单元格，并插入图像"3.jpg"，图片大小调整为 200*300px；在"3.jpg"上对地球部分做圆形热点链接，指向 dq.html，并在新窗口中打开。

（4）在第 4 行第 1 列单元格中插入一个电子邮件链接"联系我们"，邮件地址为"admin@abc.com"，在第 2 行第 2 列"世界地球日"的左边添加 Div，ID 为 top，在第 4 行第 2 列单元格中插入文字"回到页首"，并超链接到 top。

（5）在第 3 行第 1 列单元格中的"姓名："后添加一个字符宽度为 10 的文本域（文本字段），在"密码："后添加一个字符宽度为 10 的密码文本域（文本字段），在"身份："后面另起一段，添加一个名为"RG"单选按钮组，选择项为"管理员"和"普通用户"；将提交按钮的值改为"登录"。

附录A

模拟卷1

【理论题】

（一）单选题（共25分）

1. 计算机术语中，IT 表示_____。

A. 信息技术　　　　B. 计算机辅助设计　　C. 因特网　　　　　D. 网络

2. 计算机技术、通信技术和_____合称为"3C技术"。

A. 电子技术　　　　B. 微电子技术　　　　C. 控制技术　　　　D. 信息技术

3. 根据计算机所采用的物理器件，其发展可分为电子管时代、_____、集成电路时代、大规模和超大规模集成电路时代。

A. 数据处理时代　　B. 过程控制时代　　　C. 晶体管时代　　　D. 网络时代

4. 计算机系统是由_____组成的。

A. 主机和外部设备　　　　　　　　　　B. 主机、键盘、显示器和打印机

C. 系统软件和应用软件　　　　　　　　D. 硬件系统和软件系统

5. 十六进制数 ABH 转换为二进制数是_____。

A. 10101100B　　　B. 11111100B　　　C. 10101011B　　　D. 11101100B

6. 以下不属于断电后仍保留数据、可反复读写的存储器是_____。

A. RAM　　　　　　B. 硬盘　　　　　　C. 光盘　　　　　　D. U盘

7. _____不属于 DOS 操作系统的特点。

A. 单用户　　　　　B. 单任务　　　　　C. 命令行界面　　　D. 图形用户界面

8. 在 Windows 系统中，应用程序的扩展名通常是_____。

A. .txt　　　　　　B. .dll　　　　　　C. .exe　　　　　　D. .msi

9. 在 Linux 操作系统中，常用的文件系统是_____。

A. FAT　　　　　　B. Ext2　　　　　　C. NTFS　　　　　　D. HDFS

10. 在 Windows 操作系统中，使用_____来组织和访问的文件与存储的位置无关。

A. 文件资源管理器　B. 库　　　　　　　C. 文件夹　　　　　D. 导航窗口

11．Windows 操作中，经常会用到剪切、复制和粘贴功能，其中粘贴功能的快捷键为_____。

A．<Ctrl>+<C>　　　　B．<Ctrl>+<S>　　　　C．<Ctrl>+<X>　　　　D．<Ctrl>+<V>

12．开始菜单由"开始"列表和"开始"屏幕组成，这两大部分由许多子模块组成，下面哪项不属于开始菜单的基本组成_____。

A．程序列表　　　　B．任务按钮栏　　　　C．常用磁贴　　　　D．常用功能菜单

13．在 Windows 10 中右击某对象时，会弹出_____菜单。

A．控制　　　　B．快捷　　　　C．应用程序　　　　D．窗口

14．在 Windows 10 中，要进入当前对象的帮助框，可以按_____键。

A．<F1>　　　　B．<F2>　　　　C．<F3>　　　　D．<F5>

15．家电遥控器采用的传输介质是_____。

A．微波　　　　B．无线电波　　　　C．红外线　　　　D．紫外线

16．在 OSI/RM 的七层结构中，_____是从上往下数的第三层。

A．传输层　　　　B．网络层　　　　C．表示层　　　　D．会话层

17．在计算机网络中，255.255.255.0 是_____IP 地址的默认子网掩码。

A．A 类　　　　B．B 类　　　　C．C 类　　　　D．D 类

18．随着物联网的发展，传感器也越来越智能化，不仅可以采集外部信息，还能利用嵌入的_____进行信息处理。

A．I/O 设备　　　　B．感应器　　　　C．微处理器　　　　D．存储器

19．_____不属于计算机病毒的特性。

A．破坏性　　　　B．传染性　　　　C．保密性　　　　D．隐蔽性

20．在数据通信的系统模型中，发送数据的设备属于_____。

A．发送器　　　　B．数据源　　　　C．数据通信网　　　　D．数据宿

21．不属于 Excel 主要功能的是_____。

A．数据图表　　　　B．排序筛选　　　　C．计算与函数　　　　D．文字排版

22．在 PowerPoint 中，演示文稿的基本组成单元是_____。

A．文本　　　　B．图形　　　　C．超链接　　　　D．幻灯片

23．图像序列中的两幅相邻图像，后一幅图像与前一幅图像之间有较大的相关，这是_____。

A．空间冗余　　　　B．时间冗余　　　　C．信息熵冗余　　　　D．视觉冗余

24．以下图像存储格式中，能够保存多个图层的是_____。

A．BMP　　　　B．PSD　　　　C．JPG　　　　D．JPEG

25．在网页设计中，_____是用于控制页面元素外观布局的样式表。

A．C/S　　　　B．CSS　　　　C．〈head〉　　　　D．〈form〉

（二）是非题（共 5 分）

1．计算机软件分为系统软件和应用软件，打印机驱动程序属于应用软件。

A．正确　　　　B．错误

2．在 Windows 操作系统中，右击任务栏中文件夹的图标，可以选择"文件资源管理器"。

A．正确　　　　B．错误

3．"快剪辑"视频编辑软件中可以为视频添加多种字幕，如多行字幕、滚动字幕等。

A．正确　　　　　　B．错误

4．语音识别技术让人们甩掉键盘，通过语音命令进行操作。

A．正确　　　　　　B．错误

5．Photoshop 提供了三类蒙版：图层蒙版、矢量蒙版和剪贴蒙版。

A．正确　　　　　　B．错误

【操作题】

注意：所有的样张都在"C:\样张"文件夹中，样张仅供参考，相关设置按题目要求完成即可。由于显示器颜色差异，部分题目做出结果可能与样张图片存在色差。

（一）文件管理（共 6 分）

1．在 C:\KS 文件夹中新建文件夹 DA 和 DB。并将 DA 和 DB 两个文件夹压缩为 DD.zip，将 DD.zip 文件设置为只读属性，将素材 EE.zip 文件中的文件解压到 C:\KS 文件夹。

2．在 C:\KS 文件夹中创建一个名为"记事本"的快捷方式：该快捷方式指向 Windows 系统文件夹中的应用程序 notepad.exe，并设置其运行方式为"最大化"，快捷键为"Ctrl+Shift+K"。

（二）数据处理（共 20 分）

1．电子表格处理（12 分）

打开 C:\KS\ Excel 1.xlsx 文件，请按要求对 Sheet1 表格工作表进行编辑处理，将结果以原文件名保存在 C:\KS 文件夹中（计算必须用公式或函数，否则不计分）。

（1）在 Sheet1 工作表中，将标题行 A1:F1 跨列居中，并设置标题行文字为黑体、18 磅、红色。A1:F1 单元格底纹：黄色，12.5%灰色图案样式。自动调整各列的列宽。将表格的外边框设为"双实线"，内边框为"单虚线"。将 A3:A10 区域的单元格类型设置为"文本"，然后将编号"001～008"填充到相应单元格中。

（2）利用公式计算"预计销售额"（预计销售额=预订出数量×图书单价），货币型，保留 1 位小数。利用 IF 函数，在"提示信息"列中，如果库存数量低于预订出数量，就会出现"缺货"，否则出现"有库存"。利用条件格式，在(F3:F10)区域中，将提示信息改为"缺货"，字体格式设为红色、加粗倾斜。

（3）选择"图书编号"和"预计销售额（元）"两列数据区域的内容建立"簇状条形图"，添加标题"预计销售对比图"，图表样式选择"样式 3"。

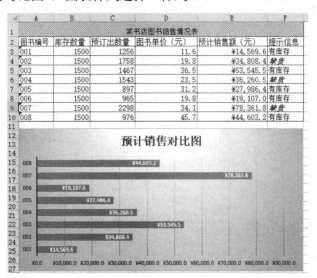

2．演示文稿处理（8分）

启动 PowerPoint 2016，打开 C:\素材\PPT.pptx 文件，按下列要求完成各项操作，将结果以原文件名保存在 C:\KS 文件夹中。

（1）为第一张幻灯片标题设置艺术字样式为"渐变填充：蓝色，主题色5，映像"。设置所有幻灯片的切换方式为"细微型"类别中的"覆盖"，效果选项为"自左侧"。

（2）设置第 2 张幻灯片正文的动画效果为"进入"类别中的"浮入"，持续时间为 03.00 秒。为第 4 张幻灯片右侧空白处插图片素材 tu.jpg 图片。

（三）网络应用基础（共4分）

1．在 C:\KS 文件夹中创建 IP.txt 文件，将当前计算机的主机名、IP 路由和 WINS 代理是否已启用的信息粘贴在内，每个信息独占一行。

2．使用地址 127.0.0.1 测试本机的网络连通是否正常，将反馈的信息窗口截图并保存到 C:\KS 文件夹，文件名为 WLLJ.jpg。

（四）网页制作（共15分）

利用 C:\KS\wy 文件夹中的素材（图片素材在 wy\images 文件夹中），按以下要求制作或编辑网页，结果保存到原文件夹。

1．打开主页 index.html，设置网页标题为"国产大飞机"，网页背景图片为 bj.jpg。设置表格属性：单元格边距、间距均为5，边框为0，居中对齐；将表格第1行合并单元格，单元格背景颜色#77AAFF。

2．设置第 1 行文字"中国首架自主研发大飞机专题介绍"文字格式：微软雅黑、颜色#FFFFFF、大小 36 像素，内容居中对齐。在表格第 2 行第 2 列，插入图像"1.jpg"，调整图片大小为 300 像素×200 像素（宽×高）。表格第 2 行中的"更多详情……"设置超链接到网站 http://www.baidu.com.cn，并在新窗口中打开。

3．在第 3 行的表单中，插入 1 个名为 radio 的单选按钮组，标签分别为"是"和"否"，其中"是"为默认选项，并添加"提交"和"重置"按钮。在表格第 4 行"版权所有"上方插入水平线，宽度 900 像素，并在文字"版权所有"后面插入版权符号，单元格内容水平居中对齐。

（五）图像处理（共 15 分）

请使用"C:\素材"文件夹中的资源，参考样张（"样张"文字除外），利用选择、变换、滤镜、图层操作、图层样式、图层混合模式、文字等，按要求完成图像制作，将结果以 photo.jpg 为文件名另存到 C:\KS 文件夹。结果保存时请注意文件位置、文件名及 JPEG 格式。

1. 为"抗洪背景.jpg"添加半径为 8 像素镜头模糊的滤镜效果。

2. 将"救人.jpg"图片中人物部分合成至"抗洪背景.jpg"中，适当调整大小和图层顺序。

3. 输入文字"抗""洪""救""灾"，字体为华文新魏、大小为 70 点，颜色：黑色。并设置描边（大小：3 像素；位置：外部；颜色：白色）、渐变叠加（"橙，黄，橙渐变"）、内阴影的图层样式。

（六）动画制作（共 10 分）

打开 C:\素材\Animate3.fla 文件，参照样张制作动画（除"样张"文字外，样张见文件 C:\样张\yangli.swf），制作结果以 donghua.fla、donghua.swf 为文件名保存和导出影片至 C:\KS 文件夹。注意：添加并选择合适的图层，动画总长为 60 帧。

【操作提示】

1. 将影片的大小设为 800 像素×500 像素，帧频设为 12 帧/秒，背景颜色为#3399FF；

2. 设置"临港 1.jpg"从第 1 帧到第 10 帧静止显示，从第 11 帧到第 30 帧逐渐淡出。设置库中的"临港 2.jpg"从第 31 帧到第 50 帧逐渐淡入，并静止显示到 60 帧。（提示：图片调整其大小和舞台相同，并转化成"元件"才能制作淡入淡出效果）；

3. 新建图层，将"走进临港"元件放入，在第 10 帧，闪烁 3 次至第 40 帧，并显示到第 44 帧，制作从第 45 帧到第 60 帧"走进临港"元件变形为"爱心"元件，静止显示至 70 帧。

附录B

模拟卷 2

【理论题】

（一）单选题（共 25 分）

1. 现代信息技术是以_____为基础，以计算机技术、通信技术和控制技术为核心，以信息应用为目标的科学技术。

A. 互联网技术　　　　B. 云计算技术　　　　C. 微电子技术　　　　D. 人工智能技术

2. 计算机的发展阶段通常是按计算机所采用的_____来划分的。

A. 内存容量　　　　B. 电子器件　　　　C. 程序设计语言　　　　D. 操作系统

3. 以下各种类型的存储器中，_____内的数据不能直接被 CPU 存取。

A. 外存　　　　B. 内存　　　　C. CACHE　　　　D. 寄存器

4. 常用的新型身份识别技术有指纹识别、虹膜识别、_____等。

A. 空间识别　　　　B. 动作识别　　　　C. 笔画识别　　　　D. 人脸识别

5. _____是相关学者在审视计算机科学所蕴含的思想和方法时提出来的，使之成为三种基本科学思维方法之一。

A. 理论思维　　　　B. 实验思维　　　　C. 计算思维　　　　D. 逻辑思维

6. 在网络安全中，对信息的安全威胁，不包括_____。

A. 非法访问　　　　B. 数据挖掘　　　　C. 信息泄露　　　　D. 身份假冒

7. 在 Windows 系统中，通配符有*和_____。

A. !　　　　B. ?　　　　C. #　　　　D. %

8. Windows 操作系统的桌面是指_____。

A. 当前窗口　　　　B. 任意窗口　　　　C. 全部窗口　　　　D. 整个屏幕

9. Windows 10 窗口中显示文件或文件夹所在路径的是_____。

A. 标题栏　　　　B. 地址栏　　　　C. 搜索栏　　　　D. 工具栏

10. 在 Windows 文件资源管理器窗口中，若要选定不连续的几个文件或文件夹，可以在选中第一个对象后，再用_____键+逐个单击其余对象完成选取。

A．<Ctrl>　　　　　B．<Shift>　　　　　C．<Alt>　　　　　D．<Tab>

11．在 Windows 中，回收站的作用是存放_____。

A．文件碎片　　　　　　　　　　　B．被删除的文件

C．已损坏的文件　　　　　　　　　D．录入剪贴板的内容

12．在 Windows 10 操作系统中，将打开窗口拖曳到屏幕顶端，窗口会_____。

A．关闭　　　　　B．最大化　　　　　C．消失　　　　　D．最小化

13．信息、数据、信号、信道是数据通信中的常用术语，其中_____是数据在传输过程中的表示形式。

A．信息　　　　　B．数据　　　　　C．信号　　　　　D．信道

14．以太网是专用于_____的技术规范。

A．局域网　　　　　B．广域网　　　　　C．城域网　　　　　D．物联网

15．_____不是正确的 IP 地址。

A．192.120.87.15　　B．127.79.33.256　　C．16.1.249.33　　D．160.228.23.17

16．射频识别技术（RFID）是_____的关键技术。

A．物联网　　　　　B．三网融合　　　　　C．IPv6　　　　　D．云计算

17．防火墙主要实现的是_____之间的隔断。

A．公司和家庭　　　　　　　　　　B．内网和外网

C．单机和互联网　　　　　　　　　D．资源子网和通信子网

18．一般情况下，计算机病毒主要造成_____的损失与破坏。

A．磁盘　　　　　B．主机　　　　　C．通信　　　　　D．程序和数据

19．在 Word 中，项目符号和编号是对_____来添加的。

A．整篇文档　　　　　B．段落　　　　　C．行　　　　　D．节

20．与音频卡无连接的输入/输出设备是_____。

A．话筒　　　　　B．扫描仪　　　　　C．MIDI 合成器　　　　　D．扬声器

21．在 Flash（Animate）中，形状补间动画的变形对象必须是_____。

A．位图　　　　　B．矢量图　　　　　C．字符　　　　　D．组

22．_____是反映打印机输出图像质量的一个重要技术指标，单位为 dpi。

A．打印分辨率　　　　　B．图像分辨率　　　　　C．屏幕分辨率　　　　　D．扫描分辨率

23．将数字视频信号转换为模拟视频信号的过程称为_____转换。

A．A/D　　　　　B．D/A　　　　　C．M/S　　　　　D．S/M

24．在"页面属性"对话框中，不能设置_____。

A．网页的背景色　　　　　　　　　B．网页文本的颜色

C．网页文件的大小　　　　　　　　D．网页的标题

25．声音的采样是按一定的时间间隔来采集时间点的声波幅度值，单位时间内的采样次数称为_____。

A．采样分辨率　　　　　B．采样位数　　　　　C．采样频率　　　　　D．采样密度

（二）判断题（共 5 分）

1．计算机的机器指令是指挥硬件动作的命令，由操作码和操作数组成。

A．正确　　　　　B．错误

2．Windows 10 系统中有一个 Cortana（小娜）搜索框，是微软发布的一款个人智能助理，

也是微软在机器学习和人工智能领域的尝试。

    A．正确   B．错误

3．计算机网络常用的有线传输介质有双绞线、光纤、红外传输。

    A．正确   B．错误

4．视频中的帧速率是指每秒录制或播放多少帧，单位是帧/秒。

    A．正确   B．错误

5．常见的音频文件格式有 WAV、MID、MP4 和 WMF 等。

    A．正确   B．错误

【操作题】

注意： 所有的样张都在 "C:\样张" 文件夹中，样张仅供参考，相关设置按题目要求完成即可。由于显示器颜色差异，部分题目做出结果可能与样张图片存在色差。

（一）文件管理（共 6 分）

1．在 C:\KS 下建立一个名为 "写字板" 的快捷方式，此快捷方式指向 Windows 系统文件夹中的 write.exe 应用程序，指定快捷键为 "Ctrl+Shift+T"，并设置其运行方式为 "最小化"。

2．利用计算器将十进制数 2388 转换为十六进制，将计算结果截图粘贴到画图程序中，并在 C:\KS 中以文件名 js.png 保存。

（二）数据处理（共 20 分）

1．电子表格处理（12 分）

打开 C:\KS\Excel2.xlsx 文件，请按要求对 Sheet1 工作表进行编辑处理，将结果以原文件名保存到 C:\KS 文件夹（计算必须用公式或函数，否则不计分）。

（1）在 Sheet1 中第 1 行前插入 1 个空行，输入标题文字 "学生成绩统计表"，将标题文字设为 "宋体、20 磅"，设置 A1:J1 区域的单元格跨列居中，设置 A 列至 J 列自动调整列宽。

（2）用公式计算出所有学生的 "总成绩"、"平均分"（总成绩=笔试成绩+上机成绩；平均分保留 2 位小数）。使用 IF 函数进行各学生的总成绩评定，评定规则为：总成绩大于或等于 85 分，"优秀"；大于或等于 60 分，"合格"；不及格为 "补考"。并设置条件格式：将总成绩优秀者为 "浅红色填充深红色文本显示"。根据总成绩进行排名，将名次用绿色数据条显示。

（3）在 Sheet1 中的 J2 起始位置处创建数据透视表，要求以 "性别" 为行标签来统计总成绩的平均值。在 J10:N24 区域中按样张建立样张所示学号前 5 位同学的总成绩对比图，图表类型为 "三维簇状柱形图"。添加标题 "学号前 5 位同学的总成绩对比图"，字体为 "黑体、16磅、红色"。设置绘图区外部右下斜偏移阴影。图表区采用 "画布" 纹理填充、边框圆角。

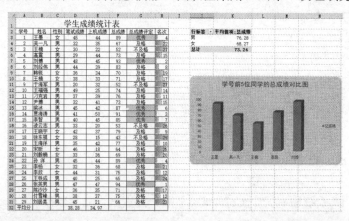

2. 文字信息处理（8分）

打开 C:\KS\青花瓷.docx 文件，按下列要求操作，将结果以原文件名保存到 C:\KS 文件夹。

（1）设置纸张方向为"横向"，将页面颜色设置为填充"羊皮纸"纹理。将文档标题设置文本效果为"渐变填充：蓝色，主题色 5；映像"（第 2 行第 2 列）样式，字体为华文新魏，文字大小为 36，居中对齐。

（2）插入"波形"形状，高度为 3 厘米，宽度为 6 厘米，并为其添加文字"中国瓷器中的珍品"，文字大小为 16，形状样式为"彩色轮廓-橙色，强调颜色 2"，并设置"穿越型环绕"。为最后一段设置首字下沉 2 行，设置偏左、带分隔线的分栏。在页面底端插入"普通数字 2"样式页码，设置页码编号格式为"壹，贰，叁…"。

（三）网络应用基础（共 4 分）

1. 打开素材网页 F.html，将文中"青年大学习"图片保存在 C:\KS 文件夹，文件名为 WYF.jpg，将该网页以 PDF 格式保存在 C:\KS 文件夹，文件名为 WYE.pdf。

2. 在 C:\KS 文件夹中创建 NET.txt 文件，利用命令查找本机的网络信息，将使用的命令与当前计算机的任一以太网适配器的 DHCP 是否已启用、自动配置是否已启用的信息复制粘贴到 C:\KS\NET.txt 文件内，每个信息独占一行。

（四）网页制作（共 15 分）

利用 C:\KS\wy 文件夹下的素材（图片素材在 wy\images 文件夹下），按以下要求制作或编辑网页，结果保存在原文件夹中。

1. 打开主页 index.html，设置网页标题为"ChatGPT 简介"，设置网页背景颜色为#E3E7BF；表格属性：居中对齐，宽度为 90%。设置标题文字"ChatGPT 简介"的格式：字体为黑体，大小为 34 像素，颜色为#DD5500，粗体。

2. 为第 2 行第 1 列中的文本添加编号列表，第 3 行第 1 列中插入图片 1.jpg，图片大小为 200 像素×200 像素（宽×高），单元格内居中显示。

3. 在表单中添加"用户名"文本域（文本字段）；"学历"选择菜单，选择菜单的三个选项分别为：大学、高中、其他，默认为大学；插入文本区域；添加两个按钮"提交"和"重置"。合并最后 1 行 1～2 列的单元格，输入"友情链接"并添加超链接：http://www.baidu.com；在文字上方插入水平线。

（五）图像处理（共 15 分）

请使用"C:\素材"文件夹中的资源，参考样张（"样张"文字除外），利用选择、变换、滤镜、图层操作、图层样式、图层混合模式、文字等，按要求完成图像制作，将结果以 photo.jpg 为文件名另存在 C:\KS 文件夹中。结果保存时请注意文件位置、文件名及 JPEG 格式。

1. 将图片"工匠精神背景.jpg"，利用椭圆选框工具创建椭圆选区，羽化半径 5 像素。给椭圆选区以外的范围添加"马赛克拼贴"滤镜效果（参数默认）。

2. 打开"工匠精神文字.jpg"，将该图像合成到"工匠精神背景.jpg"图像中，适当调整大小，并为该图层设置投影效果，参数默认。

3. 输入文字"精益求精"：华文行楷、50 点、字符间距 50，并添加 3 像素"蓝，红，黄渐变"的外部描边，制作透明文字效果。

（六）动画制作（共 10 分）

打开 C:\素材\Animate.fla 文件，参照样张制作动画（除"样张"文字外，样张见文件 C:\样张\yangli.swf），制作结果以 donghua.fla、donghua.swf 为文件名保存和导出影片至 C:\KS 文件夹。注意：添加并选择合适的图层，动画总长为 60 帧。

【操作提示】

1. 设置影片大小为 600 像素×400 像素，帧频为 15 帧/秒；将库中的"背景.jpg"拖曳到舞台中央，调整大小，静止显示到第 60 帧。

2. 新建图层，利用库中元件"汽车"，适当调整大小与方向，创建从第 1 帧到第 40 帧，汽车开向远方的动画效果，第 41 帧到第 60 帧逐渐消失。

3. 新建图层，利用库中的元件制作从第 10 帧到第 30 帧等间隔逐字出现"实现中国梦"，并在第 35 帧到第 50 帧变形为"走中国道路"元件，静止显示至 60 帧。

附录C

参考答案

1.1 信息技术基础

1.1.1 单项选择题

1. B	2. D	3. B	4. D	5. C	6. C	7. B
8. C	9. A	10. B	11. A	12. D	13. A	14. C
15. B	16. A	17. B	18. A	19. D	20. A	21. A
22. D	23. C	24. A	25. B	26. B	27. B	28. C
29. C	30. D	31. C	32. A	33. B	34. C	35. C
36. B	37. C	38. B	39. A	40. C	41. A	42. D
43. D	44. D	45. A	46. C	47. B	48. B	49. C
50. D	51. D	52. D	53. D	54. B	55. A	56. D
57. D	58. D	59. C	60. A	61. D	62. A	63. A
64. A						

1.1.2 是非题

1. B	2. A	3. A	4. A	5. A	6. B	7. B
8. B	9. B	10. B	11. B	12. A	13. B	14. B
15. A	16. B	17. A	18. A			

1.2 数据文件管理

1.2.1 单项选择题

1. A	2. A	3. D	4. C	5. A	6. A	7. D
8. C	9. B	10. A	11. D	12. C	13. B	14. C
15. A	16. A	17. C	18. D	19. A	20. D	21. A
22. C	23. A	24. C	25. B	26. B	27. C	28. D
29. D	30. B	31. D	32. B	33. D	34. B	35. C

36. D	37. C	38. D	39. D	40. B	41. B	42. D
43. D	44. D	45. A	46. B	47. C	48. B	49. C
50. A	51. B	52. D	53. B	54. B	55. B	56. C
57. C	58. A	59. B	60. A	61. D	62. D	63. D
64. D	65. D	66. B	67. B	68. B	69. A	70. A
71. D	72. D	73. A	74. D	75. D		

1.2.2 是非题

1. A	2. A	3. B	4. B	5. B	6. B	7. B
8. A	9. A	10. A	11. B	12. A	13. A	14. A
15. A	16. A	17. B	18. A			

1.3 计算机网络基础及应用

1.3.1 单项选择题

1. A	2. A	3. A	4. B	5. D	6. A	7. B
8. D	9. B	10. B	11. B	12. C	13. D	14. C
15. D	16. B	17. D	18. A	19. B	20. A	21. C
22. D	23. B	24. B	25. C	26. B	27. C	28. B
29. B	30. B	31. A	32. D	33. D	34. A	35. C
36. A	37. B	38. C	39. A	40. A	41. D	42. A
43. B	44. C	45. B	46. C	47. B	48. A	49. C
50. A	51. D	52. B	53. C	54. C	55. C	56. A
57. D	58. B	59. A	60. B	61. B	62. C	63. B
64. C	65. A	66. A	67. C	68. D	69. C	70. D
71. C	72. C	73. A	74. C	75. A	76. A	77. D
78. C	79. B	80. D	81. B	82. D	83. D	84. A
85. C	86. D	87. D	88. A			

1.3.2 是非题

1. A	2. A	3. B	4. B	5. A	6. B	7. A
8. B	9. B	10. B	11. A	12. A	13. A	14. B
15. A	16. A	17. B	18. B	19. B		

1.4 数据处理基础

1.4.1 单项选择题

1. C	2. D	3. D	4. D	5. A	6. A	7. D
8. D	9. D	10. D	11. A	12. B	13. B	14. B
15. C	16. B	17. D	18. C	19. D	20. B	21. A
22. C	23. A	24. A	25. A	26. B	27. A	28. A
29. B	30. D	31. D	32. D	33. A	34. B	35. B
36. D	37. C	38. C	39. D	40. B	41. A	42. B
43. A	44. C	45. C	46. A	47. C	48. A	49. B

50. C	51. D	52. D	53. A	54. A	55. C	56. B
57. B	58. B	59. A	60. A	61. D	62. C	63. B
64. A	65. D	66. C	67. A	68. B	69. C	70. A
71. C	72. D	73. B	74. B	75. A	76. A	77. A
78. A	79. A	80. A	81. B	82. D	83. C	84. C
85. B	86. A	87. D				

1.4.2 是非题

| 1. A | 2. B | 3. A | 4. A | 5. B | 6. B | 7. A |
| 8. A | 9. A | 10. A | | | | |

1.5 数字媒体技术基础

1.5.1 单项选择题

1. D	2. C	3. D	4. B	5. A	6. B	7. C
8. D	9. C	10. B	11. A	12. D	13. B	14. B
15. C	16. D	17. A	18. D	19. C	20. D	21. C
22. B	23. B	24. B	25. C	26. A	27. D	28. B
29. A	30. A	31. B	32. C	33. D	34. A	35. C
36. B	37. C	38. D	39. C	40. C	41. C	42. A
43. C	44. C	45. A	46. C	47. D	48. D	49. B

1.5.2 是非题

| 1. A | 2. A | 3. A | 4. A | 5. B | 6. A | 7. A |
| 8. B | 9. A | 10. B | | | | |

1.6 数字声音

1.6.1 单项选择题

1. A	2. C	3. D	4. A	5. B	6. C	7. B
8. D	9. C	10. D	11. B	12. A	13. D	14. B
15. C	16. D	17. C	18. D	19. B	20. A	

1.6.2 是非题

| 1. B | 2. B | 3. B | 4. B | 5. A | 6. B | 7. A |
| 8. A | | | | | | |

1.7 数字图像

1.7.1 单项选择题

1. C	2. A	3. B	4. B	5. A	6. C	7. C
8. B	9. B	10. C	11. B	12. D	13. D	14. A
15. B	16. B	17. A	18. B	19. C	20. B	21. C
22. D	23. C	24. B	25. C	26. D	27. D	

1.7.2 是非题

| 1. B | 2. A | 3. A | 4. B | 5. A | 6. B | 7. B |
| 8. B | 9. A | 10. B | | | | |

1.8 动画基础

1.8.1 单项选择题

1. C	2. C	3. C	4. D	5. C	6. B	7. A
8. C	9. D	10. A	11. B	12. B	13. B	14. C

1.8.2 是非题

1. A	2. A	3. B	4. B	5. B	6. B	7. B
8. A	9. A	10. A				

1.9 视频处理基础

1.9.1 单项选择题

1. B	2. D	3. B	4. A	5. B	6. C	7. A
8. A	9. A	10. D	11. C	12. A	13. C	14. A
15. C	16. D	17. B	18. C	19. D	20. A	21. C
22. D	23. D	24. B	25. C			

1.9.2 是非题

1. A	2. A	3. A	4. B	5. B	6. A	7. A

1.10 数字媒体的集成与应用

1.10.1 单项选择题

1. B	2. A	3. D	4. D	5. D	6. D	7. A
8. D	9. B	10. C	11. C	12. A	13. B	14. C
15. C	16. B	17. C	18. D	19. D	20. D	21. B
22. A	23. B	24. C	25. B	26. A	27. A	28. A
29. C	30. C	31. B	32. C	33. B	34. B	35. D
36. B	37. B	38. D	39. C	40. B	41. D	42. D

1.10.2 是非题

1. A	2. A	3. A	4. B	5. A	6. B	7. B
8. A	9. A	10. B				

模拟卷一参考答案

(一)单选题

1. A	2. C	3. C	4. D	5. C
6. A	7. D	8. C	9. B	10. B
11. D	12. B	13. B	14. A	15. C
16. D	17. C	18. C	19. C	20. B
21. D	22. D	23. B	24. B	25. C

(二)是非题

1. B	2. A	3. A	4. A	5. A

模拟卷二参考答案

(一)单选题

1. C	2. B	3. A	4. D	5. C
6. B	7. B	8. D	9. B	10. A

11. B	12. B	13. C	14. A	15. B
16. A	17. B	18. D	19. B	20. B
21. B	22. A	23. B	24. C	25. C

（二）是非题

1. A	2. A	3. B	4. A	5. B